MIX
Papier aus verantwortungsvollen Quellen
Paper from responsible sources
FSC® C105338

Markus Gawlowski

CFD Simulation zur Vorhersage von Interferogrammen, Temperaturen und Spezieskonzentrationen in einer Hexanflamme

disserta Verlag

Gawlowski, Markus: CFD Simulation zur Vorhersage von Interferogrammen,
Temperaturen und Spezieskonzentrationen in einer Hexanflamme, Hamburg,
disserta Verlag, 2010

ISBN: 978-3-942109-16-1
Druck: disserta Verlag, ein Imprint der Diplomica® Verlag GmbH, Hamburg, 2010

Bibliografische Information der Deutschen Nationalbibliothek
Die Deutsche Nationalbibliothek verzeichnet diese Publikation in der Deutschen
Nationalbibliografie; detaillierte bibliografische Daten sind im Internet über
http://dnb.d-nb.de abrufbar.

Die digitale Ausgabe (eBook-Ausgabe) dieses Titels trägt die ISBN 978-3-942109-17-8
und kann über den Handel oder den Verlag bezogen werden.

Universität Duisburg-Essen
Lehrstuhl für Technische Chemie I
Universitätsstraße 5
45117 Essen

Dieses Werk ist urheberrechtlich geschützt. Die dadurch begründeten Rechte, insbesondere die der Übersetzung, des Nachdrucks, des Vortrags, der Entnahme von Abbildungen und Tabellen, der Funksendung, der Mikroverfilmung oder der Vervielfältigung auf anderen Wegen und der Speicherung in Datenverarbeitungsanlagen, bleiben, auch bei nur auszugsweiser Verwertung, vorbehalten. Eine Vervielfältigung dieses Werkes oder von Teilen dieses Werkes ist auch im Einzelfall nur in den Grenzen der gesetzlichen Bestimmungen des Urheberrechtsgesetzes der Bundesrepublik Deutschland in der jeweils geltenden Fassung zulässig. Sie ist grundsätzlich vergütungspflichtig. Zuwiderhandlungen unterliegen den Strafbestimmungen des Urheberrechtes.

Die Wiedergabe von Gebrauchsnamen, Handelsnamen, Warenbezeichnungen usw. in diesem Werk berechtigt auch ohne besondere Kennzeichnung nicht zu der Annahme, dass solche Namen im Sinne der Warenzeichen- und Markenschutz-Gesetzgebung als frei zu betrachten wären und daher von jedermann benutzt werden dürften.

Die Informationen in diesem Werk wurden mit Sorgfalt erarbeitet. Dennoch können Fehler nicht vollständig ausgeschlossen werden und der Verlag, die Autoren oder Übersetzer übernehmen keine juristische Verantwortung oder irgendeine Haftung für evtl. verbliebene fehlerhafte Angaben und deren Folgen.

© disserta Verlag, ein Imprint der Diplomica Verlag GmbH
http://www.disserta-verlag.de, Hamburg 2010
Hergestellt in Deutschland

CFD Simulation zur Vorhersage von Interferogrammen, Temperaturen und Spezieskonzentrationen in einer Hexanflamme

Dissertation

zur Erlangung des akademischen Grades eines

Doktors der Naturwissenschaften

– Dr. rer. nat. –

vorgelegt von

Markus Gawlowski

geboren in Heidelberg

Institut für Technische Chemie I

der

Universität Duisburg-Essen

2009

Die vorliegende Arbeit wurde im Zeitraum von April 2006 bis Oktober 2009 am Lehrstuhl von Herrn Prof. Dr. Axel Schönbucher, Institut für Technische Chemie I der Universität Duisburg-Essen, durchgeführt.

Tag der Disputation: 05. Februar 2010

Gutachter: Prof. Dr. rer. nat. Axel Schönbucher
Prof. Dr.-Ing. Dr. h. c. Ulrich Hauptmanns
Prof. Dr. rer. nat. Tammo Redeker

Vorsitzender: Prof. Dr. rer. nat. Stephan Schulz

Erklärung

Hiermit versichere ich, dass ich die vorliegende Arbeit mit dem Titel

„CFD Simulation zur Vorhersage von Interferogrammen, Temperaturen und Spezieskonzentrationen in einer Hexanflamme"

selbst verfasst und keine außer den angebenen Hilfsmitteln und Quellen benutzt habe, und dass die Arbeit in dieser oder ähnlicher Form noch bei keiner anderen Universität eingereicht wurde.

Essen, im Oktober 2009

Danksagung

Mein ganz besonderer Dank für die Überlassung des Themas, die wissenschaftliche Betreuung sowie die wertvollen Anregungen und stete Diskussionsbereitschaft bei der Erstellung meiner Doktorarbeit geht vor allem an meinen Doktorvater, Herrn Prof. Dr. Axel Schönbucher, Institut für Technische Chemie I der Universität Duisburg-Essen.

Herrn Prof. Dr. Ulrich Hauptmanns von der Otto-von-Guericke-Universität Magdeburg, Institut für Apparate- und Umwelttechnik Abteilung Anlagentechnik und Anlagensicherheit, gilt mein Dank für die Übernahme seines Gutachtens. Seine wertvollen Anregungen und Diskussionsbereitschaft während meiner Promotionszeit haben maßgeblich zum Gelingen dieser Arbeit beigetragen.

Auch für die Übernahme des Gutachtens von Herrn Prof. Dr. Tammo Redeker, Geschäftsführer des IBExU Instituts für Sicherheitstechnik GmbH, An-Institut der TU Bergakademie Freiberg, möchte ich mich bedanken. Seine fachlichen Ratschläge und Diskussionen auf dem Gebiet des Brand- und Explosionsschutzes haben mir geholfen, die Zusammenhänge besser zu verstehen und die Qualität meiner Arbeit zu verbessern.

Herrn Prof. Dr. Stephan Schulz, Institut für Anorganische Chemie der Universität Duisburg-Essen, danke ich für die Übernahme des Prüfungsvorsitzes.

Ich danke allen Mitarbeitern des Lehrstuhls für Technische Chemie I für die gute Zusammenarbeit und die stets freundschaftliche Atmosphäre.

Mein besonderer Dank gilt meiner langjährigen Kollegin Frau Dr. Iris Vela, die mich in all den Jahren auf dem Gebiet der CFD-Simulationen fachlich und in zahlreichen Diskussionen unterstützt hat.

Frau Lieselotte Schröder, Sekretärin des Lehrstuhls für Technische Chemie I, gilt mein herzlicher Dank für die Unterstützung bei organisatorischen und administrativen Aufgaben, insbesondere die Erstellung der zahlreichen Dienstreiseanträge und -abrechnungen.

Für die zahlreichen Fachgespräche möchte ich mich bei Herrn Dr. Wolfgang Laarz, der stets ein offenes Ohr hatte, bedanken.

Für den Aufbau des Rechenclusters und dessen Betreuung gilt mein Dank Herrn Dipl.-Phys. Peter Sudhoff.

Bei unseren Kooperationspartnern auf dem Gebiet der Poolfeuer möchte im mich herzlichst bei Herrn Prof. Dr. Adel Sarofim, Prof. Dr. Philip Smith, Prof. Dr. Eric Eddings, Kerry Kelly, M.Sc. sowie Laurie Marcotte von der University of Utah, Salt Lake City, UT, USA für die intensive Zusammenarbeit und Einladungen zu internationalen Workshops in Salt Lake City und Albuquerque bedanken.

Des Weiteren gilt mein besonderer Dank Herrn Dr. John Hewson und Herrn Dr. Sheldon Tieszen von den SANDIA National Laboratories in Albuquerque, NM, USA sowie Herrn Dr. Christopher Shaddix von den SANDIA National Laboratories in Livermore, CA, USA für den regen wissenschaftlichen Austausch auf dem Gebiet der Poolfeuer und deren entgegengebrachtes Vertrauen.

Für die Zusammenarbeit und Kooperation, vor allem in Bezug auf den experimentellen Teil von großen Poolfeuern und den fachlichen Austausch, danke ich Herrn Prof. Dr. Klaus-Dieter Wehrstedt von der Bundesanstalt für Materialforschung und -prüfung in Berlin.

Herrn Prof. Dr. Henning Bockhorn von der Technischen Universität Karlsruhe, Leiter der Institute für Technische Chemie und Polymerchemie sowie dem Engler-Bunte-Institut Bereich Verbrennungstechnik, danke ich für sein ständiges Interesse an meiner Arbeit und seiner wertvollen fachlichen Ratschlägen.

Herrn Christian Albrecht vom Institut für wissenschaftlichen Film (IWF) in Göttingen danke ich für die Digitalisierung der 16 mm Hochgeschwindigkeitsfilme.

Für die finanzielle Unterstützung meiner Arbeit möchte ich mich bei der Max-Buchner-Forschungsstiftung der DECHEMA e.V. in Frankfurt/Main bedanken.

Ein besonderer Dank gilt meinen werten Eltern, die mir das Studium und die Promotion erst ermöglicht haben und stets eine moralische Stütze während dieser Zeit waren.

Meinen Eltern gewidmet

Zusammenfassung

Im Rahmen einer Literaturübersicht werden die charakteristischen Eigenschaften von nicht-vorgemischten Flammen flüssiger Kohlenwasserstoffe dargestellt. Mit einem holographischen real-time Mach-Zehnder Interferometer wurden Interferogramme einer n-Hexanflamme ($d = 50$ mm) registriert. Mit einer neuartigen Abbildungsoptik wurde die sichtbare Flamme und das Interferogramm kontinuierlich und simultan im gleichen Maßstab auf der Filmebene einer Hochgeschwindigkeitskamera (bis zu 4000 Bilder/s) registriert. Mit einem Tieftemperatur-Gaschromatographie-System wurden radiale und axiale Profile der Spezieszusammensetzung des Flammengasgemisches von 18 stabilen Spezies gemessen. Die Profile der Flammengastemperaturen wurden mit Pt-Rh/Pt Thermoelementen gemessen bei einem Perlendurchmesser von 0.3 mm und einer Ansprechzeit von $\Delta t = 0.8$ s.

Mit einem neu entwickelten Matlab©-Code werden aus den experimentellen real-time Interferogrammen die x,y-Koordinaten der Interferenzstreifenminima und deren Interferenzstreifenordnung S ermittelt. In einem zweiten Schritt werden aus den real-time Interferogrammen zeitlich-gemittelte Interferogramme berechnet. Aus den zeitlich-gemittelten radialen Profilen der Interferenzstreifenordnung $\bar{S}(r,x)$ werden durch Anwendung der Abel Transformation die Brechzahlprofile $\bar{n}_{\mathrm{m}}(r,x)$ berechnet. Aus den Brechzahlprofilen $\bar{n}_{\mathrm{m}}(r,x)$ werden, unter Berücksichtigung der Zusammensetzung $\bar{\gamma}_{\mathrm{m}}(r,x)$ des Flammengasgemisches, Dichte- $\bar{\rho}_{\mathrm{m}}(r,x)$ und Temperaturprofile $\bar{T}_{\mathrm{m}}(r,x)$ ermittelt.

Es wird eine CFD Simulation einer n-Hexanflamme ($d = 50$ mm) unter Verwendung des kommerziellen Programmpaketes ANSYS FLUENT© (Version 12.0) durchgeführt. Die Modellierung der Verbrennung erfolgt mit einem PDF-Transportmodell, das auf dem Konzept des Mischungsbruchs basiert. Dem PDF-Modell liegen 20 Spezies mit 42 reversiblen Reaktionen für die Verbrennung von n-Hexan mit Luft zugrunde. Die Turbulenzmodellierung erfolgt mit der Large-Eddy Simulation (LES). Für die Simulation der Hexanflamme wird ein unstrukturiertes Hexaeder-Rechengitter mit $2 \cdot 10^6$ Zellen verwendet. Die kleinsten Abmessungen der Rechenzellen betragen $\Delta x = 1$ mm, $\Delta y = 1$ mm, $\Delta z = 1$ mm. Der Zeitschritt der LES beträgt $\Delta t = 10^{-4}$ s.

Es werden mit der CFD Simulation transiente und zeitlich-gemittelte 3D-Felder von Spezieskonzentrationen, Flammengasdichten und Flammentemperaturen vorhergesagt. Mit den CFD simulierten transienten Spezieskonzentrationsfeldern $\gamma_{\mathrm{m}}(x,y,z,t)$ und transienten Dichtefeldern $\rho_{\mathrm{m}}(x,y,z,t)$ werden, unter Berücksichtigung der spezifischen Standardrefraktion $N_{i,0}$ der Spezies i zunächst 3D-Brechzahlfelder $n_{\mathrm{m}}(x,y,z,t)$ berechnet. In einem zweiten Schritt werden 100 2D-Schnittebenen $n_m(x, y, \Delta z, t)$ mit einem Abstand von $\Delta z = 0.75$ mm entlang der Strahlrichtung z über die gesamte Flammenausdehnung $2z_G$ integriert. Es entsteht ein transientes 2D-integriertes Interferenzstreifenfeld $S(x, y, t)_{\text{CFD}}$, das direkt mit dem experimentell ermittelten 2D-Interferogramm $S(x, y, t)_{\text{exp}}$ verglichen werden kann. Die radialen Profile $\bar{S}(r, x)_{\text{CFD}}$ der CFD vorhergesagten Interferogramme zeigen in der Verbrennungszone ($x = 20$ mm), Pulsationszone ($x = 50$ mm) und in der Plumezone ($x = 150$ mm) jeweils eine gute Übereinstimmung mit den $\bar{S}(r, x)_{\text{exp}}$-Profilen der experimentellen Interferogramme.

Es wird die Sensitivität der vorhergesagten Interferenzstreifenordnung S bezüglich der Parameter durchstrahlte Weglänge z_G und der Anzahl von x, y-Schnittebenen untersucht. Es zeigt sich, dass eine Vergrößerung der Integrationslänge von -10 mm $< z_G < +10$ mm auf -20 mm $< z_G < +20$ mm zu einer Änderung von $\Delta S = -4$ führt und von -20 mm $< z_G < +20$ mm auf -30 mm $< z_G < +30$ mm zu einer Änderung von $\Delta S = -1$. Ab einer durchstrahlten Weglänge von -35 mm $< z_G < +35$ mm bleibt die Interferenzstreifenordnung konstant. Die Anzahl der x, y-Schnittebenen wird schrittweise erhöht. Es hat sich gezeigt, dass die größte Änderung von $\Delta S = -3$ bei einer Erhöhung der Anzahl von 20 ($\Delta z = 3.75$ mm) auf 40 ($\Delta z = 1.875$ mm) Schnittebenen erfolgt. Eine Konstanta der Interferenzstreifenordnung liegt ab 75 Schnittebenen ($\Delta z = 1$ mm) vor.

Für die Vorhersage von Interferogrammen und für die Ermittlung von Flammentemperaturen aus den experimentellen Interferogrammen sind insbesondere die Spezieskonzentrationen im Flammengasgemisch von großer Bedeutung. Es zeigt sich, dass in der Verbrennungszone bei $x = 20$ mm und im achsnahen Bereich $r < 10$ mm bis zu 20 Vol. % unverbrannter Hexandampf, 14 Vol. % Abgase (5.5 Vol. % CO_2 und 8.5 Vol. % H_2O) sowie 10 Vol. % Crackgase (C_2H_4 und H_2) vorliegen. Die Maxima der Spezieskonzentrationen von $\bar{\bar{\gamma}}_{CO_2,\text{max}} = 7.5$ Vol. % und $\bar{\bar{\gamma}}_{H_2O,\text{max}} = 12$ Vol. % liegen im Bereich der sichtbaren Flammenkontur $r = 14$ mm und fallen mit der stöchiometrischen Verbrennung $\Phi = 1$ zusammen. Bei $r = 17$ mm bestehen die Flammengase bereits zu 90 Vol. % aus heißer Luft (Stickstoff und Sauerstoff) und nur noch zu 10 Vol. % aus Verbrennungsprodukten. Mit zunehmender Höhe über dem Tankrand $x = 50$ mm setzt sich der Brennstoffdampf bis auf eine Konzentration von $\bar{\bar{\gamma}}_{C_6H_{14}} \approx 10$ Vol. % an der Flammenachse um, wobei bereits 60 Vol. % Stickstoff zu finden ist. Der Ort der stöchiometrischen Verbrennung $\Phi = 1$ befindet sich bei $r = 14$ mm. Ab $r > 20$ mm besteht die Zusammensetzung der Flammengase nahezu aus heißer Luft.

In der Plumezone bei $x = 150$ mm setzt sich der Brennstoff bis auf $\bar{\bar{\gamma}}_{C_6H_{14}} \approx 0.5$ Vol. % um, so dass nahezu die gesamte Flamme aus heißer Luft besteht. Die vorhergesagten Spezieskonzentrationsprofile stimmen mit den GC-Messungen in der gesamten Flamme sehr gut überein. Lediglich die Spezieskonzentrationen der Pyrolyseprodukte C_2H_4 und H_2 werden mit der CFD überschätzt.

Die vorhergesagten und gemessenen bimodalen Temperaturprofile $\bar{T}_m(r, x)$ zeigen, dass die maximalen Flammentemperaturen bei $x = 20$ mm außerhalb ($r = 15$ mm) der Flam-

menachse liegen. Das Maximum der Flammentemperatur $\bar{T}_{max,m}$ erreicht bei den aus den Interferogrammen gemessenen Flammentemperaturen $\bar{T}_{max,Int} = 2025$ K bei $r = 15$ mm. Die dort mit Thermoelementen gemessenen sowie die vorhergesagten Temperaturen zeigen hingegen geringere maximale Flammentemperaturen von $\bar{T}_{max,Th} = 1605$ K bzw. $\bar{T}_{max,CFD} = 1933$ K. Der steilste Temperaturanstieg von $\bar{T}_m \approx 400$ K auf $\bar{T}_m \approx 2000$ K erfolgt im Bereich der thermischen Grenzschicht zwischen 15 mm $< r <$ 21 mm.
In der Pulsationszone bei $x = 50$ mm liegen ebenfalls bimodale Temperaturprofile vor. Die Peaks der Flammentemperaturen sind $\bar{T}_{max,Int} = 1689$ K, $\bar{T}_{max,Th} = 1350$ K und $\bar{T}_{max,CFD} = 1598$ K und liegen gegenüber $x = 20$ mm im Abstand von $\Delta r = 10$ mm zur Flammenachse. Die thermische Grenzschicht liegt im Bereich von 13 mm $< r <$ 22 mm und besitzt weniger steile Temperaturgradienten als bei $x = 20$ mm.
In der Plumezone bei $x = 150$ mm sind dagegen unimodale Temperaturprofile zu finden. Die gemessenen und vorhergesagten maximalen Flammentemperaturen betragen $\bar{T}_{max,Int} = 1365$ K, $\bar{T}_{max,Th} = 1340$ K sowie $\bar{T}_{max,CFD} = 1395$ K und erstrecken sich über einen Bereich von $0 < r < 5$ mm. Die sichtbare Flammenkontur besitzt in der Plumezone ihre maximale radiale Abmessung von $\Delta r = 27$ mm, wobei die thermische Grenzschicht stark aufgefaltet ist. Während bei $x = 20$ mm und $x = 50$ mm jeweils für $r = 30$ mm die Umgebungstemperatur von $T_u = 293$ K vorliegt, beträgt in der Höhe $x = 150$ mm (bei $r = 30$ mm) die Flammentemperatur noch $\bar{T}_m \approx 750$ K.
Die CFD vorhergesagten sowie die jeweils aus Interferogrammen bestimmten und mit Thermoelementen gemessenen radialen Temperaturprofile stehen in guter Übereinstimmung.

Um den Einfluss der Spezieszusammensetzung auf die Flammentemperaturen zu ermitteln, werden radiale Temperaturprofile $\bar{T}(r,x)$, berechnet aus Interferogrammen (1), unter Berücksichtigung der Spezieszusammensetzung, in einer stöchiometrischen Flamme (2) und in heißer Luft (3) herangezogen. In der Höhe $x = 20$ mm zeigt sich, dass der Konzentrationseinfluss im Bereich der Flammenachse am größten ist. Die Unterschiede der Flammentemperaturen betragen hier $\Delta \bar{T}_{1\to2} = 150$ K bzw. $\Delta \bar{T}_{1\to3} = 230$ K. Für die Fälle (1), (2) und (3) unterscheiden sich die Temperaturprofile in der thermischen Grenzschicht nur geringfügig und sind somit nur wenig konzentrationsbeeinflusst.
In der Pulsationszone bei $x = 50$ mm nahe der Flammenachse nehmen die Temperaturunterschiede auf $\Delta \bar{T}_{1\to2} = 61$ K bzw. $\Delta \bar{T}_{1\to3} = 137$ K ab. Die Annahme einer stöchiometrischen Flamme gibt im Bereich der sichtbaren Flamme $r < 12$ mm, die Flammentemperaturen recht gut wieder. Dies bedeutet, dass der Konzentrationseinfluss im Bereich der sichtbaren Flamme noch relativ groß ist, jedoch unter Annahme einer stöchiometrischen Flamme, berechnet werden kann. Im Bereich der thermischen Grenzschicht sind die Temperaturunterschiede nur noch sehr gering und folglich wenig konzentrationsbeeinflusst.
In der Plumezone bei $x = 150$ mm erweisen sich die Temperaturprofile nur noch sehr wenig von den Spezies beeinflusst, so dass die Flamme dort mit sehr guter Näherung als heiße Luft betrachtet werden kann.

Inhaltsverzeichnis

Zusammenfassung   IX

Symbolverzeichnis   XVII

1 Einleitung und Aufgabenstellung   1

2 Grundlagen von Tankflammen   5

    2.1 Grundlegende Flammentypen 5

    2.2 Fluiddynamische Strukturen 7

    2.3 Abbrandgeschwindigkeit und Massenabbrandrate 9

    2.4 Flammenlänge und -kontur 13

    2.5 Auftriebskräfte und Luft-Entrainment 16

    2.6 Strömungsgeschwindigkeiten 18

    2.7 Flammentemperaturen 20

       2.7.1 Temperaturfelder in Flammen 20

       2.7.2 Ermittlung von Flammentemperaturen 24

    2.8 Spezieszusammensetzung der Flammengase 26

3 Holographische Interferometrie von Phasenobjekten   31

    3.1 Real-time- und Doppelbelichtungsverfahren 31

    3.2 Interferogramme 32

    3.3 Abel Transformation 35

    3.4 Gladstone-Dale-Gleichung 37

4 Experimentelles — 41

4.1 Holographisches real-time Mach-Zehnder Interferometer 41

    4.1.1 Mechanischer Aufbau 41

    4.1.2 Optischer Aufbau mit neuartiger Abbildungsoptik 43

4.2 Gaschromatographische Untersuchungen 46

4.3 Thermoelement Messungen der Flammentemperaturen 47

4.4 Apparaturen zur Aufzeichnung und Digitalisierung von Interferogrammen 48

4.5 Labortank und Brennstoff 49

5 CFD Simulation von Verbrennungsvorgängen — 51

5.1 Erhaltungsgleichungen 51

    5.1.1 Erhaltung der Gesamtmasse 51

    5.1.2 Erhaltung der Speziesmassen 52

    5.1.3 Erhaltung des Impulses 53

    5.1.4 Erhaltung der Energie 54

5.2 Submodelle 56

    5.2.1 Turbulenzmodelle 56

        5.2.1.1 Reynolds-gemittelte Navier-Stokes-Gleichungen (RANS) . 58

        5.2.1.2 Large-Eddy Simulation (LES) 61

        5.2.1.3 Direkte numerische Simulation (DNS) 62

    5.2.2 Verbrennungsmodelle 63

        5.2.2.1 Eddy-Dissipations-Modell (EDM) 63

        5.2.2.2 PDF-Transportmodell 65

        5.2.2.3 Flamelet Modell 66

        5.2.2.4 ILDM Methode 67

    5.2.3 Konzept des Mischungsbruchs 68

        5.2.3.1 Transportgleichungen für den Mischungsbruch und die Varianz 71

	5.2.3.2 Zusammenhang des Mischungsbruchs mit den Feldgrößen .	72
	5.2.3.3 Berücksichtigung der Turbulenz	73
	5.2.3.4 Modellierung und Lösungsprinzipien	74
5.3	Durchführung der CFD Simulation	75
	5.3.1 Geometrie- und Gittergenerierung	75
	5.3.2 Anfangs- und Randbedingungen	79
	5.3.3 Auswahl und Konfiguration der Submodelle	81
	5.3.3.1 Turbulenzmodell	81
	5.3.3.2 Verbrennungsmodell	82
	5.3.4 Strömungslöser (Solver)	82

6 Ergebnisse und Diskussion   85

6.1	Experimentelle Interferogramme der Hexanflamme	85
6.2	Simulation von Interferogrammen	87
6.3	Digitales Auswerteverfahren der Interferogramme	93
6.4	Vorhergesagte und gemessene Profile der Interferenzstreifenordnung	96
6.5	Vorhergesagte und gemessene Brechzahlprofile	98
6.6	Spezieskonzentrationsprofile	100
	6.6.1 Vorhergesagte und gemessene radiale Spezieskonzentrationsprofile .	100
	6.6.2 Vorhergesagte und gemessene axiale Spezieskonzentrationsprofile . .	105
6.7	Profile der spezifischen Refraktion	108
	6.7.1 Vorhergesagte und gemessene radiale Profile der spezifischen Refraktion	108
	6.7.2 Vorhergesagte und gemessene axiale Profile der spezifischen Refraktion	111
6.8	Vorhergesagte und gemessene Dichteprofile	112
6.9	Vorhergesagte und gemessene Temperaturprofile	114
	6.9.1 Fehleranalyse bei der Ermittlung von Flammentemperaturen aus Interferogrammen	119

6.9.2 Fehleranalyse bei der Ermittlung von Flammentemperaturen mit Thermoelementen 121

6.10 Einfluss der Spezieszusammensetzung auf die Flammentemperaturen . . 121

7 Folgerungen und Ausblick   **127**

Literatur   **131**

Anhang A   **143**

Anhang B   **147**

Publikationsliste   **159**

Lebenslauf   **163**

Symbolverzeichnis

Lateinische Symbole

Symbol	Einheit	Bedeutung
A	m^2	Oberfläche
b_F	m	Bildweite der sichtbaren Flamme
b_I	m	Bildweite des Interferogramms
b_S	m	Bildweite der Aufnahmeoptik
c_p	kJ/(kg K)	spezifische Wärmekapazität
D	m^2/s	Diffusionskoeffizient
D_I	m	Abstand zwischen den Interferenzstreifen
d	m	Pool-/Tankdurchmessser
e	kJ/kg	spezifische innere Energie
F	N	Kraft
F_A	N	hydrostatische Auftriebskraft
f	1/s	Pulsationsfrequenz der Flamme
f_S	m	Brennweite der Aufnahmeoptik
G	−	Filterfunktion
g	m/s^2	Erdbeschleunigung
g_F	m	Gegenstandsweite der sichtbaren Flamme
g_S	m	Gegenstandsweite der Aufnahmeoptik
H	m	sichtbare Flammenlänge
H_{cl}	m	Länge (Höhe) der klaren Verbrennungszone
H_P	m	Länge (Höhe) der Plumezone
H_{Pul}	m	Länge (Höhe) der Pulsationszone
h	kJ/kg	spezifische Enthalpie
Δh_c	kJ/kg	spezifische Verbrennungsenthalpie
Δh_v	kJ/kg	spezifische Verdampfungsenthalpie
J	$kW/(m^2\ s)$	Wärmestromdichte
k	m^2/s^2	turbulente kinetische Energie
L	m	Gesamtlänge des Abtastbereichs
ΔL	m	Abtastintervall
l	m	charakteristisches Längenmaß
l_0	m	integrales Längenmaß
l_K	m	Kolmogorov-Längenmaß

M	–	Anzahl der Elemente
$\tilde{M}$	kg/kmol	molare Masse
$\dot{m}$	kg/s	Massenstrom
$\dot{m}''_\mathrm{f}$	kg/(m² s)	Massenabbrandrate
N	m³/kg	spezifische Refraktion
N_I	–	Anzahl der Interferenzstreifen
n	–	Brechzahl
P	–	Wahrscheinlichkeit
P_d	–	Anzahl der Datenpunkte
p	Pa	Druck
$\dot{Q}$	kW	Wärmestrom
$\dot{Q}_\mathrm{c}$	kW	totale Wärmefreisetzungsrate (Brandleistung) der Flamme
$\dot{Q}_\mathrm{rü}$	kW	Wärmerückstrom in Richtung Brennstoffoberfläche
q_s	kW/m³	Wärmeproduktionsterm durch Strahlung
R	mol/(m³ s)	Reaktionsgeschwindigkeit
R_0	kJ/(kmol K)	universelle Gaskonstante
$\Re$	kJ/(kg K)	spezifische Gaskonstante
r	m	radiale Koordinate
S	–	Interferenzstreifenordnung
SEP	kW/m²	spezifische Ausstrahlung
T	K	Temperatur
t	s	Zeit
Δt	s	Zeitschritt, -intervall
U	kmol/(m³ s)	Quell- oder Senkenterm
u	m/s	Strömungsgeschwindigkeit
u_W	m/s	Windgeschwindigkeit
u^*_W	–	dimensionslose Windgeschwindigkeit
V	m³	Volumen
$\dot{V}$	m³/s	Volumenstrom
v_a	m/s	Abbrandgeschwindigkeit
$\tilde{x}_i, \tilde{y}_i$	–	Molanteil der Flüssigkeitsphase, Dampfphase
x, y, z	m	kartesische Koordinaten: x in axialer Strömungsrichtung
Z	–	Elementmassenbruch
z_G	m	z-Koordinate deren Abmessung die Flamme umfasst

Griechische Symbole

α	W/(m² K)	konvektiver Wärmeübergangskoeffizient
β	–	thermischer Ausdehnungskoeffizient
χ		beliebige Feldgröße (z.B. Dichte, Flammentemperatur)
χ_{st}	1/s	skalare Dissipationsrate
ϵ	m²/s³	Dissipationsrate der turbulenten kinetischen Energie
η	N s/m²	dynamische Viskosität
γ	–	Massenanteil
$\tilde{\gamma}$	–	Molanteil
κ	1/m	Absorptionskoeffizient
λ	nm	Wellenlänge
λ_L	W/(m K)	Wärmeleitfähigkeitskoeffizient
μ_{ij}	–	Massenanteil des Elements i im Stoff j
ν	m²/s	kinematische Viskosität
Φ	–	Äquivalenzverhältnis
ω	1/s	spezifische Dissipationsrate
$\Delta\phi$	rad	Phasendifferenz
ψ	mol	Stoffmenge
ρ	kg/m³	Massendichte
ρ_m	kg/m³	Massendichte der Flammengase
ρ_V	kg/m³	Massendichte des Dampfes der brennbaren Flüssigkeit
σ	W/(m² K⁴)	Stefan-Boltzmann-Konstante
τ	N/m²	Schubspannung
φ	–	Einstrahlzahl
ξ	–	Mischungsbruch

Indices

0	Standard- oder Referenzzustand
ad	adiabat
c	Verbrennung
conv	Konvektion
E	Edukte
ent	entrainment
F	Flamme
f	Brennstoff
G	gefilterte Größe
ges	gesamt
Int	Interferogramm
i	Stoffkomponente (Spezies)

m	Flammengasgemisch
max	Maximum bzw. Maximalwert einer Größe
min	Minimum einer Größe
Ox	Oxidationsmittel
P	Produkte
r	Reaktion
Sd	Siedepunkt
stöch	stöchiometrisch
t	turbulent
Th	Thermoelement
th	thermisch
tot	total
u	Umgebung
v	Verdampfung

Sonstige Zeichen und Abkürzungen

$\bar{}$	zeitlich-gemittelte Größe
$'$	Schwankungsgröße
$''$	Varianz
$\tilde{}$	molare Größe
$\vec{}$	vektorielle Größe
$< >$	gefilterte Größe
$\varnothing$	Linsendurchmesser (m)

CFD	Computational Fluid Dynamics
DNS	Direkte numerische Simulation
GC	Gaschromatographie
KW	Kohlenwasserstoffe
LES	Large-Eddy Simulation
PDF	Wahrscheinlichkeitsdichtefunktion
RANS	Reynolds-Averaged Navier-Stokes

Dimensionslose Kennzahlen

$CFL = \dfrac{u_{\max}\, \Delta t_{\min}}{\Delta x_{\min}}$ Courant-Friedrichs-Levy-Zahl

$Fr = \dfrac{u^2}{g\, d}$ Froude-Zahl

$Le = \dfrac{\lambda}{D\, c_p\, \rho}$ Lewis-Zahl

$Pr = \dfrac{\eta\, c_p}{\lambda_{\mathrm{L}}}$ Prandtl-Zahl

$Q = \dfrac{\dot{Q}_{\mathrm{c}}}{\bar{c}_{p,\mathrm{m}}\, \rho_{\mathrm{m}}\, T_{\mathrm{m}} \sqrt{g\, d}}$ Wärmefreisetzungsrate nach (Zukoski, 1994)

$Re = \dfrac{u\, l}{\nu}$ Reynolds-Zahl

$Re_{\mathrm{t}} = \dfrac{l_0}{l_{\mathrm{K}}}$ Turbulenz-Reynolds-Zahl

$Sc = \dfrac{\nu}{D}$ Schmidt-Zahl

Kapitel 1

Einleitung und Aufgabenstellung

Tank- und Poolfeuer, welche zu den nicht-vorgemischten, auftriebsbestimmten Feuern zählen, können sich durch unfallbedingte Freisetzung und Zündung während des Transports und der Lagerung von flüssigen Brennstoffen ereignen. Die sich dabei ausbildenden Feuer können zu großen Schäden an benachbarten verfahrenstechnischen Anlagen und Personen führen (Schönbucher et al., 1985). Zwischen 1950 und 2003 gab es weltweit ca. 480 Tankfeuer-Ereignisse, die sich vor allem in Großtanklagern ereignet haben (Persson & Lönnermark, 2004). Als Beispiel eines solchen Tanklagerbrandes (mit bis zu 22 simultan brennenden Tankfeuern) ist der Tanklagerbrand in Buncefield (nahe London, s. Abb. 1.1), der sich im November 2005 ereignet hatte, zu erwähnen (Hailwood et al., 2009). Als Folge einer ca. 40 minütigen Überfüllung eines Tanks ($d = 25$ m) mit unverbleitem (Winter-) Benzin und darauffolgender unbeabsichtigter Zündung, der sich ausbreitenden Benzindampf-Luft-Aerosolwolke, hat sich ein Großfeuer ereignet. Die dabei emittierte thermische Strahlung von Tankfeuern stellt ein großes Gefährdungspotential für Schutzobjekte dar. Es wurden oder konnten u. a. mehrere Tanks mit Durchmessern von 20 m $<$ $d <$ 40 m nicht gelöscht werden, darunter der Tank 12 ($d = 40$ m) in Abb. 1.1. Neuere Untersuchungen haben gezeigt, dass die Wechselwirkung insbesondere infolge der thermischen Strahlung zwischen mehreren Tankfeuern eine Zunahme der Massenabbrandrate bewirkt (Liu et al., 2008), was in einer Erhöhung der thermischen Strahlung sowie der Flammenlängen der Einzelfeuer resultiert (Gawlowski et al., 2009c). Es ist daher für eine verbesserte Sicherheitsbetrachtung sowie für die Abschätzung von kritischen thermischen Abständen erforderlich, die Konsequenzen einer unbeabsichtigten Freisetzung und Zündung gefährlicher brennbarer Stoffe so genau wie möglich vorherzusagen (Gawlowski et al., 2006). Dazu ist es wichtig auch probabilistische Methoden zur Abschätzung des Schadensumfangs in verfahrenstechnischen Anlagen miteinzubeziehen (Hauptmanns, 2005).

Auch bei der Schadstoffbildung durch Verbrennungsprozesse in konventionellen Kraftwerken und Kraftfahrzeugen ist die Untersuchung bestimmter Flammenbereiche von großem Interesse (Joos, 2006).

Abb. 1.1: Buncefield Areal am ersten Tag des Feuers. Es ist zu erkennen, dass auch das in 150 m entfernte Northgate Gebäude (rechts unten im Bild) an der Ecke der Seite brennt, die den multiplen Tankfeuern gegenüber liegt (Hailwood et al., 2009).

Einige Charakteristika der Verbrennungsvorgänge in Schadenfeuern werden in (Schönbucher & Brötz, 1978; Mudan, 1984) diskutiert. Ein großes und auftriebsbestimmtes Tankfeuer kann in drei verschiedene Zonen eingeteilt werden. Die klare und leuchtende Verbrennungszone im unteren Bereich der Flamme, die Pulsationszone, welche sich oberhalb der klaren Verbrennungszone anschließt sowie die Plumezone (Flammenfahne), die größtenteils mit einer dunklen Rußschicht überzogen ist (Hailwood et al., 2009; Audouin et al., 1995). Von besonderem Interesse für eine sicherheitstechnische Betrachtung ist dabei die spezifische Ausstrahlung SEP (Surface Emissive Power) der klaren Verbrennungszone, da hier die größten SEP-Werte auftreten. Des Weiteren existieren organisierte Strukturen in Tankfeuern und wurden zum besseren Verständnis von nicht-vorgemischten und auftriebsbestimmten Feuern in (Schönbucher et al., 1986) untersucht.
Eine wichtige thermodynamische Größe ist die Flammentemperatur. Deren Kenntnis ist, z. B. für die Berechnung des Wärmeübergangs von Flamme zu benachbarten Schutzobjekten, von großer Bedeutung (Qi et al., 2006). Die SEP eines Feuers ist unmittelbar mit der Flammentemperatur verknüpft und muss zur Abschätzung von kritischen thermischen Abständen ermittelt werden. Weiterhin ist die spezifische Ausstrahlung abhängig von der Rußkonzentration und der Spezieszusammensetzung der Flammengase, insbesondere von Kohlenstoffdioxid und Wasserdampf (Gawlowski et al., 2009a; Hailwood et al., 2009), wel-

che die thermische Strahlung in großem Umfang emittieren.
Ein erster Schritt in der Erforschung von großen Tankfeuern besteht in der experimentellen Untersuchung im Labormaßstab. Unter Berücksichtigung der Spezieszusammensetzung der Flammengase eignet sich die holographische real-time Interferometrie als berührungslose und trägheitsfreie Messmethode zur Ermittlung von Flammentemperaturen besonders gut (Gawlowski et al., 2009b). Das real-time Verfahren ermöglicht es, dass instationäre Vorgänge in Tankflammen in ihrem gesamten Ablauf verfolgt werden können. Durch eine spezielle Abbildungsoptik kann die sichtbare Flammenkontur im selben Maßstab und zur gleichen Zeit wie das Interferogramm abgebildet werden (Lucas, 1981). Die holographische Interferomtrie hat den großen Vorteil, dass sie eine hohe zeitliche und räumliche Auflösung besitzt, ohne dabei das Flammenfeld zu stören (Kreis, 2005; Shakher & Nirala, 1999). Somit wird während der experimentellen Untersuchung nicht störend in den Verbrennungsprozess eingegriffen. Mit Hilfe der digitalen Bildbearbeitung und eines neu entwickelten Codes können anschließend die Interferogramme ausgewertet werden (Gawlowski et al., 2009b).

In den letzten Jahrzehnten hat die numerische Strömungssimulation (Computational Fluid Dynamics) zunehmende Bedeutung auf dem Gebiet der reaktiven Strömungen erlangt. Die Anzahl an oft kostenintensiven Experimenten kann mit Hilfe von CFD Simulationen deutlich reduziert werden. Durch Lösung der Erhaltungsgleichungen für Impuls, Energie und Speziesmassen an mehreren Millionen diskreten Punkten eines Berechnungsgitters, das näherungsweise die Geometrie des modellierten Systems wiedergeben soll, können u. a. transiente und zeitlich-gemittelte Größen wie Flammentemperaturen, Flammengasdichten, Strömungsgeschwindigkeiten und Spezieskonzentrationen an jedem Ort in der Flamme vorhergesagt werden (Gawlowski, 2005). Durch die Implementierung von rechenintensiven Flamelet-Modellen können auch Mehr-Schritt-Reaktionen während der Modellierung berücksichtig werden (Warnatz et al., 2001; Gerlinger, 2005). Aus den vorhergesagten Dichte- und Spezieskonzentrationsfeldern lassen sich unter der Verwendung eines numerischen Rechenverfahrens momentane und zeitlich-gemittelte Interferogramme berechnen (Gawlowski et al., 2007).

Ziel der vorliegenden Arbeit war es, u. a. am Beispiel einer Hexanflamme ($d = 50$ mm), durch Kombination von experimentellen Untersuchungen und CFD Simulationen eine verbesserte Vorhersage der Flammentemperaturen zu erreichen. Für einen kritischen Vergleich der CFD Modelle mit den Experimenten sollen radiale Temperatur- und Dichteprofile unter Berücksichtigung der Spezieszusammensetzung sowie radiale Profile der Interferenzstreifenordnung in verschiedenen axialen Abständen über dem Tankrand herangezogen werden. Derartige Profile lassen sich aus der CFD Simulation oder aus den Interferogrammen ermitteln.

In der vorliegenden Arbeit sollen folgende Untersuchungen durchgeführt werden:

- Es sollen im Rahmen einer Literaturübersicht die charakteristischen Eigenschaften von Tank- und Poolflammen dargestellt werden. Es sollen die fluiddynamischen und chemischen Vorgänge in Flammen beschrieben werden.

- Das physikalische Prinzip der holographischen Interferometrie und deren Anwendungsmöglichkeiten auf Tankflammen soll zusammenfassend behandelt werden.

- Der experimentelle Aufbau des Mach-Zehnder-Interferometers, die gaschromatographischen Untersuchungen, die Thermoelementmessungen und die digitale Auswertung von Interferogrammen sollen beschrieben werden.

- Die Erhaltungsgleichungen der Strömungsmechanik und deren Anwendung auf reaktive Strömungen sollen erläutert werden. Es soll ein grober Überblick über die Modellierungsansätze der Reynolds-gemittelten Navier-Stokes-Gleichungen (RANS), der Large-Eddy-Simulation (LES) und der direkten numerischen Simulation (DNS) gegeben werden. Die Methode zur Diskretisierung des Strömungsgebiets von Flamme und Umgebung sowie die Anfangs- und Randbedingungen der Simulation sollen dargestellt werden.

- Mit der CFD Simulation sollen transiente und örtliche Flammentemperaturen, Dichten des Flammengasgemisches sowie die Spezieskonzentrationen insbesondere stabiler Moleküle vorhergesagt werden.

- Die mit der holographischen Interferometrie gemessenen Interferogramme der Hexanflamme sollen ebenfalls mit der CFD Simulation vorhergesagt werden.

- Es soll eine Methode zur digitalen Auswertung der experimentellen transienten Interferogramme entwickelt werden.

- Die vorhergesagten Größen sollen mit den experimentellen Daten vergleichend diskutiert werden.

- Es soll ein möglicher Einfluss der Spezieskonzentrationen auf die Flammentemperaturen untersucht werden.

Kapitel 2

Grundlagen von Tankflammen

2.1 Grundlegende Flammentypen

Bei technischen Verbrennungsprozessen werden Brennstoff und Luft miteinander gemischt und anschließend verbrannt. Es erweist sich als nützlich, zwischen verschiedenen Flammentypen und der Art des Verbrennungsvorgangs zu unterscheiden. Der Verbrennungsvorgang ist durch die Art des Mischungsvorgangs zwischen Brennstoff und Luft charakterisiert, während die fluiddynamischen Eigenschaften der Flamme von der Art der Strömung abhängig sind. Werden Brennstoff und Luft vor der Zündung gemischt, spricht man von vorgemischten Flammen (Verbrennungen), wohingegen bei nicht-vorgemischten Flammen (veraltete Bezeichnung: Diffusionsflammen) die Mischung und Verbrennung simultan abläuft. Die chemische Umsetzung hängt im Wesentlichen vom Durchmischungsgrad in der Flamme ab. Weiterhin kann der Verbrennungsvorgang weiter unterteilt werden je nachdem, ob es sich um eine laminare oder turbulente Strömung handelt. Die Unterschiede der vier unterschiedlichen Flammentypen werden nachfolgend ausführlicher beschrieben.

Laminare vorgemischte Flammen

Der einfachste Flammentyp ist die laminare vorgemischte Flamme. Hier sind Brennstoff und Luft vor der Verbrennung gemischt und die Strömung verhält sich laminar. Als typisches Beispiel einer laminaren Vormischflamme ist die typische Bunsenbrenner-Flamme mit geöffneter Luftzufuhr zu erwähnen.
Je nach Vormischgrad oder Äquivalenzverhältnis Φ unterscheidet man in fette, magere oder stöchiometrische Verbrennung, wobei das Äquivalenzverhältnis wie folgt definiert ist

$$\Phi = \frac{(\tilde{\gamma}_{\text{Luft}}/\tilde{\gamma}_{\text{f}})_{\text{stöch}}}{\tilde{\gamma}_{\text{Luft}}/\tilde{\gamma}_{\text{f}}} \quad , \tag{2.1}$$

mit den Stoffmengenanteilen $\tilde{\gamma}_{\text{Luft}}, \tilde{\gamma}_{\text{f}}$ von Luft bzw. Brennstoff in der Gasphase.

Eine fette Verbrennung $\Phi > 1$ liegt bei einem Brennstoffüberschuss, eine magere Verbrennung $\Phi < 1$ bei Luftüberschuss und eine stöchiometrische Verbrennung bei $\Phi = 1$ vor. Unter stöchiometrischer Verbrennung versteht man das Verhältnis von Edukten, die vollständig zu den Verbrennungsprodukten umgesetzt werden. Als Beispiel soll hier die stöchiometrische Verbrennung von Methan und Sauerstoff dargestellt werden

$$CH_4 + 2\,O_2 \rightarrow CO_2 + 2\,H_2O \qquad \psi_{O_2} = 2 \quad ,$$

wobei ψ_{O_2} die Stoffmenge der Sauerstoffmoleküle bei vollständiger Umsetzung des Brennstoffs zu Wasserdampf und Kohlenstoffdioxid beschreibt.
Der Molenanteil des Brennstoffs ergibt sich bei stöchiometrischer Verbrennung nach

$$\tilde{\gamma}_{f,\text{stöch}} = \frac{1}{1+\psi_{O_2}} \quad . \tag{2.2}$$

Aus Gl. (2.2) würde sich im vorliegenden Beispiel für die stöchiometrische Zusammensetzung $\tilde{\gamma}_{f,\text{stöch}}$ des Brennstoffs ein Wert von $\tilde{\gamma}_{CH_4,\text{stöch}} = 1/3$ ergeben.
Für eine stöchiometrische Verbrennung mit Luft muss zusätzlich berücksichtigt werden, dass trockene Luft nur zu ca. 21 Vol. % aus Sauerstoff sowie 78 Vol. % Stickstoff und 1 Vol. % Edelgase besteht. Mit $\tilde{\gamma}_{N_2} = 3.762\,\tilde{\gamma}_{O_2}$ ergibt sich somit für die stöchiometrische Verbrennung von Brennstoff in Luft

$$\tilde{\gamma}_{f,\text{stöch}} = \frac{1}{1+4.672\,\psi_{O_2}} \quad . \tag{2.3}$$

Das Äquivalenzverhältnis kann insbesondere in technischen Verbrennungsprozessen experimentell mit spektroskopischen Methoden wie der Laserinduzierten Fluoreszenz (LIF) durch Zugabe von Toluol oder Aceton als Tracer bestimmt werden (Schulz & Sick, 2005; Koban et al., 2005).

Laminare nicht-vorgemischte Flammen

Bei laminar nicht-vorgemischten Flammen strömt der Brennstoff in den Brennraum ein und die Verbrennung findet während der Durchmischung von Brennstoff und Luft statt. Die Strömung ist dabei laminar und die Luft diffundiert in radialer Richtung zur Flammenachse in den Brennstoff ein, wobei ein reaktives Brennstoff-Luft Gemisch gebildet wird. Das Äquivalenzverhältnis Φ kann hier Werte von $0 < \Phi < \infty$ annehmen, wobei die fette Verbrennung ($\Phi > 1$) auf der brennstoffreichen Seite stattfindet und die magere Verbrennung ($\Phi < 1$) auf der Seite der Luft. Die stöchiometrische Verbrennung $\Phi = 1$ liegt dabei in einem meist schmalen Bereich zwischen der Brennstoff- und Luftschicht (thermische Grenzschicht).

Turbulente vorgemischte Flammen

Im Gegensatz zu den bereits diskutierten laminaren Verbrennungsvorgängen, finden die meisten technischen Verbrennungsprozesse unter turbulenten Bedingungen statt (Joos, 2006). In turbulenten reaktiven Strömungen verlaufen die Mischungsvorgänge von Brennstoff und Luft deutlich schneller als in einem laminaren Strömungsfeld. Es treten kontinuierliche Fluktuationen der Strömungsgeschwindigkeit auf, die ihrerseits zu Fluktuationen der Skalare wie Dichte, Temperatur und Spezieskonzentrationen führen. Ab einer bestimmten Ausströmungsgeschwindigkeit verbrennt das Brennstoff-Luft Gemisch bei turbulenten vorgemischten Flammen unter Geräuschentwicklung in einem turbulenten Strömungsfeld. Dieser Verbrennungsprozess hat den großen Vorteil, dass sehr hohe Temperaturen unter weitgehend rußfreien Bedingungen erreicht werden können. Die zumeist blau oder grüne Farbe der Flammenkontur entsteht aufgrund der Strahlung von CH- sowie C_2-Radikalen. Von der sicherheitstechnischen Seite muss jedoch darauf geachtet werden, dass das Brennstoff-Luft Gemisch nach Zündung auch wirklich verbrennt und sich keine reaktiven Gaswolken bilden (Warnatz et al., 2001). Beispiele für turbulente vorgemischte Flammen findet man u. a. bei der Verbrennung in Ottomotoren und Gasturbinen.

Turbulente nicht-vorgemischte Flammen

Turbulente nicht-vorgemischte Flammen unterscheiden sich von den laminaren nicht-vorgemischten Flammen vor allem durch die Art der Strömung. Diese ist bei einer ausreichenden Ausströmungsgeschwindigkeit aus einem Strömungsrohr oder bei großen Durchmessern ($d > 1$ m) vollständig turbulent. Typische Beispiele für turbulente nicht-vorgemischte Flammen sind große Tank- oder Poolfeuer ($d > 1$ m) sowie Fackeln und Strahlflammen (Jet-Flammen). Diese sind meist durch eine intensiv gelb leuchtende Flammenkontur gekennzeichnet, welche aufgrund der thermischen Strahlung der Rußteilchen entsteht. Die Rußteilchen werden vor allem im brennstoffreichen Bereich der Flamme gebildet, da hier nicht genügend Sauerstoff für eine stöchiometrische Verbrennung zur Verfügung steht. Aufgrund der zuvor erwähnten sicherheitstechnischen Bedenken bei vorgemischten Flammen, werden in industriellen Brennern vor allem nicht-vorgemischte Verbrennungsvorgänge eingesetzt.

2.2 Fluiddynamische Strukturen

In Tankflammen lassen sich verschiedene fluiddynamische bzw. kohärente/dissipative Strukturen klassifizieren. Diese sind abhängig vom eingesetzten Brennstoff, Tankdurchmesser sowie der Höhe über dem Tankrand (Schönbucher et al., 1985). Sie haben recht komplizierte teils periodische, quasi-periodische und teils stochastische Schwingungseigenschaften mit Frequenzen, die mit ansteigender Höhe über dem Tankrand zunehmen und mit größer werdendem Tankdurchmesser abfallen (Schönbucher *et al.*, 1985; Schönbucher *et al.*, 1986).

Nachfolgend soll besonders auf die Kurzzeitstrukturen in Tankflammen eingegangen werden, wobei die Untersuchungszeit solcher Strukturen in der Größenordnung von einigen Millisekunden liegt (Schönbucher & Brötz, 1978). Für die Beobachtung von Langzeitstrukturen wird auf (Balluff, 1981; Riedel, 1983) verwiesen.

Eine turbulente, auftriebsbehaftete Tankflamme kann in drei Bereiche unterteilt werden (Bouhafid *et al.*, 1989; McCaffrey, 1983; Schönbucher, 2008): eine klare Verbrennungszone $\bar{H}_{cl}$, die sich oberhalb anschließende Pulsationszone $\bar{H}_{Pul}$ sowie die weitgehend aus heißer Luft und Verbrennungsprodukten bestehende Plumezone $\bar{H}_P$ (Abb. 2.1). Der Übergang von Pulsationszone zur Plumezone ist durch den Übergang vom laminaren zum quasi-turbulenten bzw. bei großen Tankdurchmessern zum vollständig turbulenten Flammenfeld gekennzeichnet (Riedel, 1983).

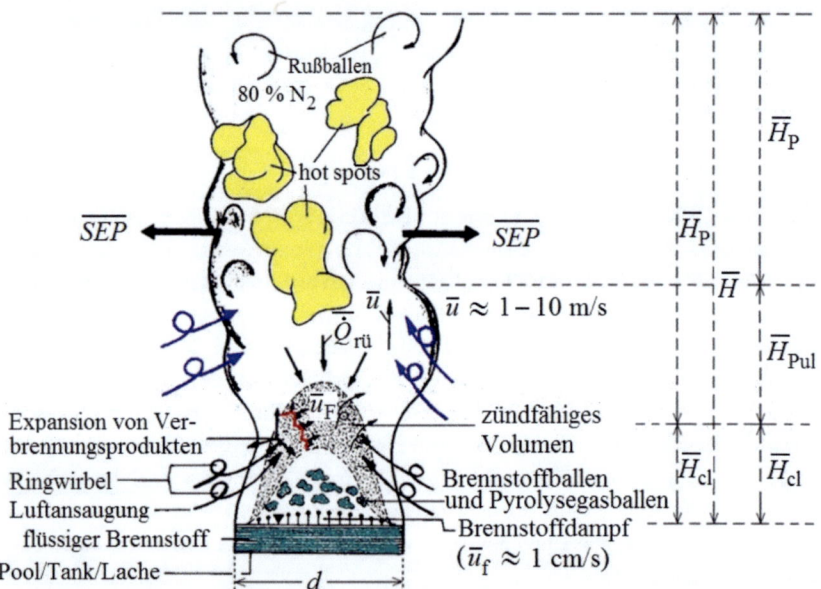

Abb. 2.1: Fluiddynamische Strukturen in großen Poolflammen sowie Klassifizierung der Flammenbereiche, nach (Schönbucher, 2008).

Die klare Verbrennungszone $\bar{H}_{cl}$ ist eine hell leuchtende Zone unmittelbar über der flüssigen Brennstoffoberfläche (bei Tankflammen). Die Höhe $\bar{H}_{cl}$ dieser Zone beträgt ungefähr 0.1 d bis 0.3 d abhängig von Brennstoff und Durchmesser. Die radiale Ausdehnung der klaren Verbrennungszone nimmt in axialer Richtung x aufgrund der Einschnürung der Flamme ab. Hier findet eine gute Durchmischung von Brennstoffdampf und Luftsauerstoff statt, wobei der Sauerstoff durch ein starkes Entrainment herangeführt wird.

Die klare Verbrennungszone geht mit zunehmender Höhe x über dem Tankrand in die Pulsationszone $\bar{H}_{\text{Pul}}$ über. Diese ist gekennzeichnet durch eine charakteristisch, zeitlich periodische Schwingung des Flammendurchmessers. Die Frequenz der Schwingung ist abhängig von Brennstoff und Durchmesser. Bei kleinen Flammen 3 cm $< d <$ 10 cm liegt diese bei $\bar{f} \approx$ 10 Hz und nimmt mit zunehmenden Durchmesser nach $f(d) = 1.83\, d^{-0.63}$ ab (Schieß, 1986). Diese Schwingungen führen mit zunehmendem x zur Bildung von kohärenten Strukturen, die als axiale Ballen bezeichnet werden (Balluff, 1981). Oberhalb der Pulsationszone beginnt die Plumezone $\bar{H}_{\text{P}}$. Die Flammengase haben sich hier weitgehend abgekühlt und bestehen nahezu aus Verbrennungsprodukten, Ruß und heißer Luft. Bei großen KW-Tankflammen $d > 1$ m ist die Plumezone meist durch eine schwarze Rußschicht gekennzeichnet, welche die Flammenoberfläche überzieht. Die Rußschicht ist insbesondere bei großen Tankflammen von Bedeutung, da diese aufgrund eines Rußblockierungseffekts eine Verringerung der thermischen Strahlung in der Plumezone bewirkt (Vela et al., 2009). Ebenfalls tritt infolge einer fortgesetzten Lufteinmischung, die zu einer Abnahme von Temperatur, axialer Strömungsgeschwindigkeit sowie der Spezieskonzentration führt, eine Verminderung der thermischen Strahlung auf.

2.3 Abbrandgeschwindigkeit und Massenabbrandrate

Eine der ersten systematischen Erforschungen hinsichtlich der Abbrandgeschwindigkeit v_{a} von flüssigen Kohlenwasserstoff-Poolfeuern mit unterschiedlichen Durchmessern wurde von Blinov und Khudiakov (Blinov & Khudiakov, 1957) durchgeführt. Als Brennstoffe wurden Benzin, Kerosin, Diesel und Sonnenöl verwendet. Die Pooldurchmesser variierten in einem Bereich von 3.7 mm $< d <$ 22.9 m. Die Abhängigkeit der Abbrandgeschwindigkeit vom Pooldurchmesser ist in Abb. 2.2 dargestellt. Es ist deutlich zu erkennen, dass die Abbrandgeschwindigkeit für alle Brennstoffe tendenziell einen gleichen Verlauf über einen weiten Pooldurchmesserbereich zeigt. Bis zu einem Durchmesser von $d \approx 10$ cm nimmt die Abbrandgeschwindigkeit mit zunehmenden Durchmesser ab. Dieser Bereich wird als laminarer Strömungsbereich klassifiziert. Im Übergangsbereich von laminarer zur turbulenter Strömung 10 cm $< d <$ 1 m beginnt die Abbrandgeschwindigkeit mit zunehmenden Durchmesser anzusteigen. Bei Durchmessern $d > 1$ m ist die Strömung vollständig turbulent und die Abbrandgeschwindigkeit nahezu konstant.

In (Hottel, 1959) wird gezeigt, dass der Verlauf der Abbrandgeschwindigkeit durch den dominierenden Wärmeübertragungsmechanismus von Flamme zu Brennstoffoberfläche bestimmt ist. Diese sind Wärmeleitung, -konvektion und Wärmeübergang infolge thermischer Strahlung. Durch die stark exotherme Verbrennungsreaktion entsteht ein gesamter Wärmestrom $\bar{\dot{Q}}_{\text{c}}$, von dem ein Teil, der Wärmerückstrom $\bar{\dot{Q}}_{\text{r}}$, auf die flüssige Brennstoffoberfläche trifft. Dort wird ein Teil des Brennstoffs verdampft, der dann mit seitlich einströmender Luft ein zündfähiges Gemisch bildet. Es gilt für den Wärmerückstrom $\bar{\dot{Q}}_{\text{r}}$

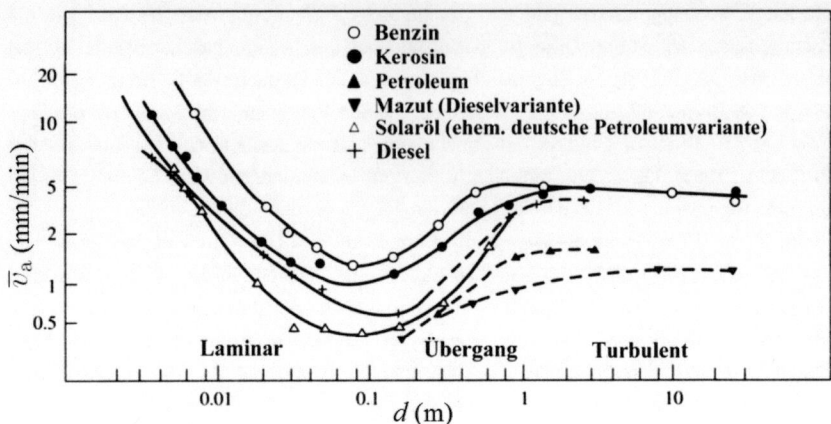

Abb. 2.2: Abbrandgeschwindigkeit $\bar{v}_a$ in Abhängigkeit vom Pooldurchmesser d, nach (Blinov & Khudiakov, 1957).

von Flamme auf die Brennstoffoberfläche (Hottel, 1959)

$$\bar{\dot{Q}}_r = \underbrace{\frac{4\,\lambda_L}{d}(T_F - T_u)}_{\text{Leitung}} + \underbrace{\alpha\,(T_F - T_u)}_{\text{Konvektion}} + \underbrace{\varphi\,\sigma\left[T_F^4 - T_u^4\left(1 - e^{-\kappa d}\right)\right]}_{\text{Strahlung}}, \quad (2.4)$$

mit dem Wärmeleitkoeffizienten λ_L, dem konvektiven Wärmeübergangskoeffizienten α, der Einstrahlzahl φ, dem Absorptionskoeffizienten κ und der Flammen- bzw. Umgebungstemperatur T_F, T_u.
Der erste Term auf der rechten Seite entspricht dem Wärmeübergang durch Leitung über die Tankwand, der Zweite dem konvektiven Rückstrom und der Dritte dem Wärmerückstrom infolge thermischer Strahlung auf die flüssige Brennstoffoberfläche.
Der Wärmeübergang durch Leitung über die Tankwand in Gl. (2.4) hat einen entscheidenden Einfluss bei kleinen Durchmessern bis $d \approx 10$ cm. Dieser Einfluss fällt linear mit zunehmendem Tankdurchmesser ab und ist bei großen Tankfeuern vernachlässigbar. Der konvektive Term in Gl. (2.4) erreicht sein Minimum bei $d \approx 10$ cm und nimmt mit größer werdendem d zu, was zu einem Anstieg der Abbrandgeschwindigkeit v_a führt.
Für die meisten Brennstoffe nehmen mit zunehmendem Durchmesser die Abbrandgeschwindigkeit sowie der Wärmerückstrom infolge thermischer Strahlung zu (de Ris & Orloff, 1972). Bei $d > 1$ m ist der Strahlungsterm in Gl. (2.4) der dominierende Wärmeübertragungsmechanismus von Flamme zu Brennstoffoberfläche und die Flamme wird als großer, optisch dichter, schwarzer Strahler angesehen.
Bei Annahme einer konstanten Einstrahlzahl φ vereinfacht sich Gl. (2.4) zu

2.3. ABBRANDGESCHWINDIGKEIT UND MASSENABBRANDRATE

$$\bar{v}_{\mathrm{a}}(d) = \bar{v}_{\mathrm{a,max}} \left(1 - \mathrm{e}^{-\kappa d}\right) \quad (2.5)$$

mit der maximalen Abbrandgeschwindigkeit $\bar{v}_{\mathrm{a,max}}$

$$\bar{v}_{\mathrm{a,max}} = 1.27 \cdot 10^{-6} \, \frac{\Delta h_{\mathrm{c}}}{\Delta h_{\mathrm{v}}} \, . \quad (2.6)$$

Δh_{c} bzw. Δh_{v} symbolisieren die spezifische Verbrennungs- bzw. Verdampfungsenthalpie. Bei Brennstoffgemischen kann dagegen nicht von einem konstanten Abbrandverhalten ausgegangen werden, da die Komponenten i meist einen unterschiedlichen Siedepunkt besitzen. Die maximalen Abbrandgeschwindigkeiten lassen sich nach einer entsprechend Gl. (2.6) erweiterten Formel berechnen, die in (Mudan, 1984) näher diskutiert wird

$$\bar{v}_{\mathrm{a,max}} = 1.27 \cdot 10^{-6} \, \frac{\sum_{i} \tilde{y}_i \, \Delta h_{\mathrm{c},i}}{\sum_{i} \tilde{y}_i \, \Delta h_{\mathrm{v},i} + \sum_{i} \tilde{x}_i \int_{T_0}^{T_{\mathrm{Sd}}} c_p(T) \, dT} \, , \quad (2.7)$$

mit den Molenanteilen der Flüssigkeits- bzw. Dampfphase $\tilde{x}_i, \tilde{y}_i$, der spezifischen Wärmekapazität c_p und der Anfangs- bzw. Siedetemperatur T_0, T_{Sd}.
Die integrierte Wärmekapazität im Nenner von Gl. (2.7) beschreibt die Temperaturabhängigkeit der Abbrandgeschwindigkeit. Im Folgenden wird der Ausdruck im Nenner von Gl. (2.7) vereinfachend durch Δh_{v}^* ausgedrückt. Für Brennstoffgemische, wie z. B. Benzin oder Kerosin, bei denen die spezifischen Verbrennungs- und Verdampfungsenthalpien der einzelnen Komponenten i ungefähr gleich sind und $\tilde{y}_i \approx \tilde{x}_i$ ergibt sich vereinfachend aus Gl. (2.7)

$$\bar{v}_{\mathrm{a,max}} = \sum_{i} \tilde{y}_i \, \bar{v}_{\mathrm{a},i} \, . \quad (2.8)$$

Die Gleichungen (2.7) und (2.8) sind gute Abschätzungen zur Bestimmung der Abbrandgeschwindigkeit, auch wenn die Siedepunkte der einzelnen Komponenten weit auseinander liegen. Abweichungen treten hierbei vor allem während der Einbrennphase und dem Löschen der Flamme auf.
Basierend auf zahlreichen Messungen der Abbrandgeschwindigkeit flüssiger KW-Poolfeuer wird in (Burgess et al., 1961) vorgeschlagen, die Abbrandgeschwindigkeit nach Gl. (2.7) zu berechnen. Abb. 2.3 zeigt das Verhältnis von Abbrandgeschwindigkeit und den thermochemischen Eigenschaften des Brennstoffs. Die modifizierte Verdampfungsenthalpie Δh_{v}^* ergibt sich aus dem Nenner von Gl. (2.7). Wie zu erkennen ist, stimmen Experiment und Berechnung (Gl. (2.7)) für alle flüssigen KW sehr gut überein, mit Ausnahme der druck-

verflüssigten KW (z. B. LNG, LPG), bei denen die Abbrandgeschwindigkeit um einen Faktor von ≈ 2 unterschätzt wird.

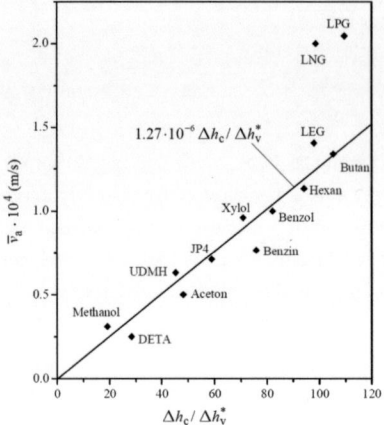

Abb. 2.3: Abbrandgeschwindigkeit $\bar{v}_a$ in Abhängigkeit von den thermochemischen Eigenschaften des Brennstoffs, nach (Mudan, 1984).

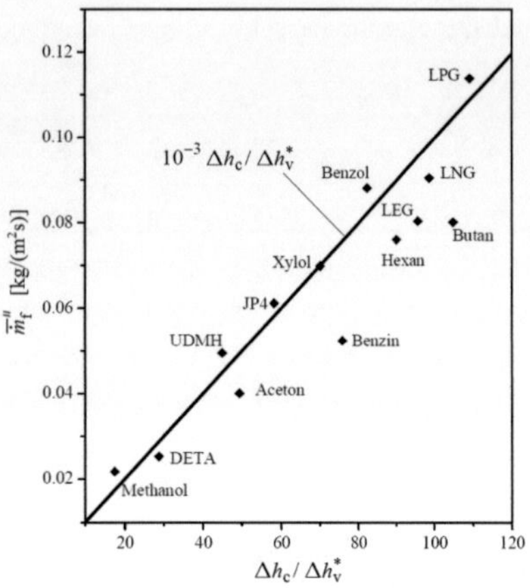

Abb. 2.4: Massenabbrandrate $\bar{m}''_f$ in Abhängigkeit von den thermochemischen Eigenschaften des Brennstoffs, nach (Mudan, 1984).

Die Massenabbrandrate $\bar{m}''_f$ kann durch Multiplikation von Abbrandgeschwindigkeit v_a mit Massendichte des flüssigen Brennstoffs ρ_f erhalten werden. In Abb. 2.4 ist das Verhältnis von Massenabbrandrate und den thermochemischen Eigenschaften des Brennstoffs dargestellt. Daraus ergibt sich folgende Zahlenwertgleichung für die Massenabbrandrate

$$\bar{m}''_f = 10^{-3} \frac{\Delta h_c}{\Delta h_v^*} \quad . \tag{2.9}$$

Obwohl Gl. (2.9) die experimentellen Daten nicht ganz so gut wie Gl. (2.7) wiedergibt, deckt Gl. (2.9) einen breiteren Bereich an Brennstoffen inklusive der druckverflüssigten Gase ab.

Es soll hier angemerkt werden, dass die dargestellten Korrelationen und Experimente in den Abbn. 2.3 und 2.4 nur für Poolfeuer auf Land gelten. Für Poolfeuer auf Wasser erhöhen sich die Abbrandgeschwindigkeiten infolge des erhöhten Wärmeübergangs von Wasser zu Brennstoff. Dies ist insbesondere für druckverflüssigte Brennstoffe von Bedeutung, da hier die Abbrandgeschwindigkeiten um den Faktor ≈ 2 höher als auf Land sein können (Schönbucher, 2008).

2.4 Flammenlänge und -kontur

Die Bestimmung und Definition der Flammenlänge gestaltet sich äußerst schwierig und ist bei stark rußenden, turbulenten Feuern unmöglich oder nur sehr ungenau (Williams, 1982). Die Flammenlänge wird allgemein als maximale sichtbare Länge $H_{\max}$ oder zeitlich-gemittelte sichtbare Länge $\bar{H}$ definiert (Rew & Hulbert, 1996). Zur Berechnung der Flammenlänge gibt es viele Modellvorstellungen, die in (Schönbucher & Brötz, 1978; Williams, 1982; Fay, 2006; Hailwood et al., 2009) diskutiert werden. Die zeitlich-gemittelte relative $\bar{H}/d$ und maximale relative $(H/d)_{\max}$ sichtbare Flammenlänge lässt sich, abhängig von der Froude-Zahl des Brennstoffs Fr_f sowie von einer dimensionslosen Windgeschwindigkeit $\bar{u}_\mathrm{W}^*$, mit den folgenden Korrelationen abschätzen

$$(\bar{H}/d) = a\, Fr_\mathrm{f}^\mathrm{b}\, \bar{u}_\mathrm{W}^{*\,\mathrm{c}} \tag{2.10}$$

und

$$(H/d)_{\max} = a\, Fr_\mathrm{f}^\mathrm{b}\, \bar{u}_\mathrm{W}^{*\,\mathrm{c}} \tag{2.11}$$

sowie mit der skalierten Windgeschwindigkeit

$$\bar{u}_\mathrm{W}^* = \bar{u}_\mathrm{W}/\bar{u}_\mathrm{c} \tag{2.12}$$

oder einer dimensionslosen Windgeschwindigkeit in einer Höhe von $x = 10$ m

$$\bar{u}_\mathrm{W}^*(10) \equiv \bar{u}_\mathrm{W}(10\text{ m})/\bar{u}_\mathrm{c}\ , \tag{2.13}$$

worin für $\bar{u}_\mathrm{c}$ gilt

$$\bar{u}_\mathrm{c} = \left(\frac{g\, \overline{\dot{m}}_\mathrm{f}''\, d}{\rho_\mathrm{v}}\right)^{1/3} \approx \left(\frac{g\, \overline{\dot{m}}_\mathrm{f}''\, d}{\rho_\mathrm{u}}\right)^{1/3}. \tag{2.14}$$

Die unterschiedlichen Parameter a, b, c (s. Tab. 2.1) wurden von verschiedenen Autoren entsprechend deren Korrelationen veröffentlicht.

Die Froude-Zahl $Fr = u^2/(g\, d)$ als dimensionslose Kennzahl gibt dabei das Verhältnis von Trägheitskräften zu Schwerkräften wieder. Eine große Froude-Zahl kennzeichnet Flammen, die mit hohem Anfangsimpuls aus z. B. Düsen austreten, weshalb für die Strömungsgeschwindigkeit des Strahls zunächst die Strömungsgeschwindigkeit der Brennstoffzufuhr maßgebend ist. Eine kleine Froude-Zahl kennzeichnet hingegen Flammen (Strömungen) mit geringem Anfangsimpuls.

Tab. 2.1: Wichtige empirische Korrelationen zur Abschätzung der dimensionslosen sichtbaren Flammenlängen $\bar{H}/d$ mit Hinweisen zu den Gültigkeitsbereichen, nach (Schönbucher, 2008).

Korrelation	a	b	c	Bemerkungen
Thomas 1	42	0.61	0	gemessen an Holzgitterfeuern; $\bar{H}/d$; kein Windeinfluss
Thomas 2	55	0.67	−0.21	gemessen an Holzgitterfeuern; $(H/d)_{\max}$; mit Windeinfluss
Moorhouse 1	6.2	0.254	−0.044	gemessen an großen zylindrischen LNG-Poolfeuern; $(H/d)_{\max}$; $\bar{u}_W^* = \bar{u}_W^*(10)$
Moorhouse 2	4.7	0.21	−0.114	gemessen an großen konischen LNG-Poolfeuern; $(H/d)_{\max}$; $\bar{u}_W^* = \bar{u}_W^*(10)$
AGA	1.0	−0.19	0.06	gemessen an LNG-Poolfeuern
Mangialavori und Rubino	31.6	0.58	0	gemessen an Heptan-, Hexan- und i-Buten-Poolfeuern; kein Windeinfluss; $(H/d)_{\max}$; 1 m $< d <$ 6 m
Pritchard und Binding	10.615	0.305	−0.03	gemessen an KW-Poolfeuern, insbes. LNG; $(H/d)_{\max}$; 6 m $< d <$ 22 m
Muñoz	8.44	0.298	−0.126	gemessen an Benzin- und Diesel-Poolfeuern; $(H/d)_{\max}$; $d =$ 1.5 m, 3 m, 4 m, 5 m und 6 m
Muñoz	7.74	0.375	−0.096	gemessen an Benzin- und Diesel-Poolfeuern; $(\bar{H}/d)$; $d =$ 1.5 m, 3 m, 4 m, 5 m und 6 m
Muñoz	11.76	0.375	−0.096	gemessen an Benzin- und Diesel-Poolfeuern; $(H/d)_{\max} = 1.52\,(\bar{H}/d)$

Zu erwähnen ist noch die häufig zitierte *Heskestad*-Korrelation (Heskestad, 1983), die aus Daten im Labormaßstab hergeleitet wurde, jedoch für einen weiten Bereich an Brennstoffen gültig ist (Muñoz et al., 2004)

$$H/d = -1.02 + 3.7\, Q^{*2/5}\,, \tag{2.15}$$

mit

$$Q^* = \frac{\dot{Q}_{\text{ges}}}{\rho_u\, c_{p,f}\, T_u\, \sqrt{g\, d}}\,. \tag{2.16}$$

2.4. FLAMMENLÄNGE UND -KONTUR

Es ist festzustellen, dass mit allen Flammenlängen-Korrelationen die maximalen sichtbaren Flammenlängen $(H/d)_{max}$ etwas besser vorhergesagt werden als die zeitlichgemittelten sichtbaren Flammenlängen $\bar{H}/d$.
Häufig werden in der Literatur die *Moorhouse* 1- und auch die *Thomas* 2-Korrelationen zur Berechnung von H/d empfohlen, wenn keine Messdaten vorliegen.

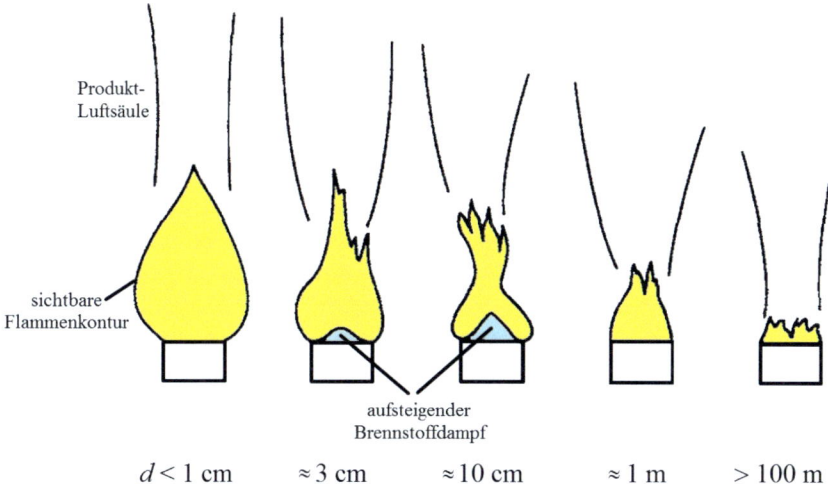

Abb. 2.5: Fluiddynamische Flammenstrukturen in Abhängigkeit vom Tankdurchmesser, nach (Corlett, 1974a).

Die Flammenkontur hängt im Wesentlichen vom Verlauf der Diffusionsvorgänge ab, welche Luft und Brennstoff zur Reaktionszone an der Flammenoberfläche befördern (Joos, 2006). In Abb. 2.5 ist beispielhaft die qualitative Abhängigkeit der Flammenkontur vom Tankdurchmesser dargestellt. Besonders auffällig ist die Abnahme der relativen Flammenlänge H/d mit zunehmendem Tankdurchmesser. Dagegen bleibt die Gesamtkontur (sichtbare Flammenkontur und thermische Säule) in guter Näherung konstant (Corlett, 1974a; Schönbucher & Brötz, 1978).
Bei kleinen Durchmessern $d \approx 1$ cm diffundieren produktreiche Verbrennungsgase quer über die gesamte Brennstoffoberfläche. Die Strömung und die sichtbare Flammenkontur sind dabei laminar. Mit größeren Tankdurchmessern $d \approx 3$ cm bildet sich in der Nähe der Flammenachse eine Zone mit relativ kaltem, aufsteigendem Brennstoffdampf, die von einer konischen Flammengrenzschicht umgeben ist (Schönbucher et al., 1978). Mit zunehmendem Tankdurchmesser bis $d \approx 10$ cm nimmt ebenfalls die radiale und axiale Ausdehnung der kalten Brennstoffdampfzone zu. In diesem Tankdurchmesserbereich setzt vermehrt die Turbulenz des Flammenfelds ein. Es erfolgt eine zunehmende Vermischung von Brennstoff und Luftsauerstoff hin zur Flammenachse. Bei noch größeren Tankdurch-

messern $d \approx 1$ m ist das Flammenfeld vollständig turbulent und es ist auch über dem Tankrand keine laminare Strömung mehr zu beobachten. In (Balluff, 1981) wird gezeigt, dass sich bei großen Tankdurchmessern $d \approx 25$ m charakteristische Strukturen wie axiale (Ruß-)Ballen sowie hot spots ausbilden und die thermische Säule ihre Kohärenz verliert.

2.5 Auftriebskräfte und Luft-Entrainment

Bei den bei Tankbränden auftretenden Flammen handelt es sich um auftriebsbehaftete nicht-vorgemischte Flammen, die den Übergang zwischen den laminaren und den rein turbulenten Flammen bilden und bei denen in den meisten Fällen der mit dem aufsteigenden Brennstoffdampf mitgeführte Impuls gegenüber dem durch den Auftrieb verursachten Impuls vernachlässigt werden kann (Seeger & Werthenbach, 1970). Die Auftriebskräfte in Flammen entstehen aufgrund von Dichtegradienten zwischen den heißen Flammengasen und den relativ kalten Brennstoffgasen sowie der Umgebungsluft. Während an der Flammenbasis nur geringe Auftriebskräfte herrschen, nehmen diese mit zunehmendem Abstand über dem Tankrand infolge der fortschreitenden Reaktion von relativ kaltem Brennstoffdampf zu heißen Verbrennungsprodukten zu. Die mittlere Massendichte der Flammengase $\bar{\rho}_m$ ist hier bis um den Faktor 5-7 geringer als die Dichte der Brennstoffgase ρ_V (Schönbucher & Brötz, 1978). Dadurch entstehen Auftriebskräfte, die die Flammengase nach oben hin beschleunigen und charakteristische Wirbelstrukturen ausbilden. Durch den Auftrieb der entstehenden heißen Verbrennungsgase nimmt die Strömungsgeschwindigkeit in der Flamme so stark zu, dass lokal ein Unterdruck entsteht, wodurch Umgebungsluft mit dem Massenstrom $\dot{m}_{\text{ent}}$ in die Flamme eingesaugt wird. Im Normalfall ist die Luftansaugung nicht gleichmäßig, sondern abhängig von der Höhe über dem Tankrand (Balluff, 1981). Dadurch schnürt sich die Flamme in einem gewissen Abstand über dem Tankrand ein und bildet den charakteristischen Flammenhals. Es kann neue Verbrennungsluft nachströmen und sich mit dem Brennstoffdampf vermischen, wodurch ein neues zündfähiges Gemisch entsteht.

Quantitative Analysen der durch freie Konvektion bestimmten Strömungsfelder sind insbesondere wegen deren Turbulenz und der im Allgemeinen komplexen geometrischen Verhältnisse realer Tankflammen schwierig. Eine Abschätzung der vertikalen Beschleunigung kann auf Basis der hydrostatischen Gleichgewichtsprinzipien durchgeführt werden (Corlett, 1974b).

Ein Fluid-Ballen, der z. B. heißer als seine Umgebung ist und sich nicht bewegt, erfährt von seiner Umgebung mit der Dichte ρ_u die hydrostatische Auftriebskraft F_A

$$F_A = \frac{\rho_u - \bar{\rho}_m}{\bar{\rho}_m} g\, m = \frac{\Delta \bar{\rho}}{\bar{\rho}_m} g\, m \ . \tag{2.17}$$

Die Auftriebskraft hängt insgesamt ab vom Gleichgewicht zwischen der hydrostatischen

2.5. AUFTRIEBSKRÄFTE UND LUFT-ENTRAINMENT

Auftriebskraft F_A, der dynamischen Druckkraft und von den viskosen bzw. turbulenten Scherkräften. Die molekulare Viskosität nimmt bei $\bar{T}_\mathrm{F} = 1300$ K etwa um den Faktor 3 zu, was zu einer Stabilisierung der Flammenkontur führt. Im Allgemeinen sind für turbulente, auftriebsbestimmte Strömungen diese drei Kräfte in derselben Größenordnung (Corlett, 1974b).
Für die mittlere Strömungsgeschwindigkeit der Flammengase $\bar{u}_\mathrm{m}$, welche durch den thermischen Auftrieb bedingt ist, gilt nach (Corlett, 1974b)

$$\bar{u}_\mathrm{m} \approx \sqrt{(\Delta\bar{\rho}/\bar{\rho}_\mathrm{m})\, g\, l} \,. \tag{2.18}$$

Hierbei ist zu beachten, dass je nach Höhe über dem Tankrand lokale Unterschiede von u_m vorliegen. Ein typischer Mittelwert bei KW-Flammen ist $\Delta\bar{\rho}/\bar{\rho}_\mathrm{m} = 4$. Für $l \approx d = 0.05$ m erhält man aus Gl. (2.18) eine Geschwindigkeit der Flammengase von $\bar{u}_\mathrm{F} = 1.4$ m/s.
Bei sehr kleinen ($d < 1$ cm) und bei großen Durchmessern ($d > 1$ m) liegen nach (Corlett, 1974b) sog. unstrukturierte Tankflammen vor. Solche Flammen lassen sich in einen Flammenhals und eine sich darüber anschließende Flammenfahne (Plumezone) einteilen. Nach der Grenzschichtnäherung sind in der Plumezone radiale Druckvariationen und irreversible Transportflüsse in Längsrichtung vernachlässigbar (Schönbucher & Brötz, 1978). Aus einer Energiebilanz wurde als Kennzahl für eine auftriebsbehaftete Strömung eine dimensionslose Wärmefreisetzungsrate Q nach (Zukoski, 1994) definiert

$$Q = \frac{\dot{Q}_\mathrm{c}}{\bar{c}_{p,\mathrm{m}}\, \rho_\mathrm{m}\, T_\mathrm{m}\sqrt{g\, d}} \,. \tag{2.19}$$

Wenn $Q \leq 0.1$, liegt ein geringer Auftriebseinfluss vor, während bei $Q \gg 1$ die Flamme stark auftriebsbehaftet ist. Für große Tankdurchmesser z. B. $d = 100$ m, liegt Q zwischen 0.01 und 0.1. Dies bedeutet, dass die Flammengase sehr großer Flammen relativ schwach auftriebsbehaftet sind.
Der gesamte Massen- oder Volumenstrom in der Plumezone besteht vorwiegend aus der in geringeren Höhen der Flamme eingemischten Luft und nur zu einem kleinen Anteil aus Brandgasen und Rußteilchen sowie aus Schwebstoffen. Die lokale Konzentration der Brandprodukte wird bis zu deren Freisetzung aus der Plumezone (Höhe in der die atmosphärischen Strömungsverhältnisse den konvektiven Transport und die Dispersion der Brandprodukte dominieren) von der Lufteinmischung bestimmt. Es ist daher bedeutend, den in der Plumezone vorliegenden Massenstrom $\bar{\dot{m}}_\mathrm{ent}(x)$ infolge des Luft-Entrainments zu berechnen.
Zur Bestimmung der eingesaugten Masse $\bar{\dot{m}}_\mathrm{ent}(x)$ infolge des Luft-Entrainments in Abhängigkeit der Höhenlage gilt für einen axialsymmetrischen Lachenbrand ohne Wandeinfluss nach (Heskestad, 2002)

$$\bar{\dot{m}}_{\text{ent}}(x) = 0.071\ \bar{\dot{Q}}_{\text{conv}}^{1/3}(x-x_0)^{5/3}\left[1+0.0027\ \dot{Q}_{\text{conv}}^{2/3}(x-x_0)^{-5/3}\right],\qquad (2.20)$$

$$\bar{\dot{m}}_{\text{ent}}(x=\bar{H}) = 0.056\ \bar{\dot{Q}}_{\text{conv}} \qquad \text{für } x=\bar{H} \qquad (2.21)$$

und

$$\bar{\dot{m}}_{\text{ent}}(x) = 0.056\ \bar{\dot{Q}}_{\text{conv}}\ x/\bar{H} \qquad (2.22)$$

für $x < \bar{H}$.

Es ist jedoch darauf hinzuweisen, dass die Unsicherheiten bei der Bestimmung des Massenstroms umgekehrt Auswirkung auf die Flammentemperaturen in einer bestimmten Höhe haben (Massenstrom und Temperatur sind reziprok miteinander verknüpft).

2.6 Strömungsgeschwindigkeiten

Zur Bestimmung von Strömungsgeschwindigkeiten in kleinen Tankflammen werden häufig die Hitzedraht-Anemometrie, Differenzdruckmessungen, Laser-Doppler-Anemometrie (LDA) und das Particle-Image-Velocimetry (PIV) Verfahren herangezogen.

Bei der Hitzdraht-Anemometrie wird ein elektrisch beheiztes Sensorelement verwendet, dessen elektrischer Widerstand von der Temperatur abhängig ist. Je nach Strömungsgeschwindigkeit ändert sich die Temperatur und damit der Widerstand des Sensorelements, woraus sich Betrag und Richtung der Strömungsgeschwindigkeit berechnen lassen. Als Sensorelement wird ein sehr dünner Draht verwendet, der typischerweise einen Durchmesser von 2.5 μm $-$ 10 μm aufweist. Er sollte mindestens das 200-fache des Durchmessers lang sein, um Randeinflüsse gering zu halten (Bruun, 1995). Als Material werden Platin, Nickel, Wolfram und weitere unterschiedliche Legierungen eingesetzt, je nach den Anforderungen an seine physikalischen Eigenschaften (Bruun, 1995). Die Drahtdicke ist der bestimmende Parameter für die Dynamik. Je dünner der Draht ist, umso höhere Frequenzen können damit erfasst werden, aber desto größer ist auch seine mechanische Empfindlichkeit. Nachteile dieser Methode sind die Störung des Geschwindigkeitsfelds durch die Sonde und die Tatsache, dass die Oberfläche des Drahtes katalytisch in den Verbrennungsprozess eingreifen kann (Warnatz et al., 2001). Trotzdem ist die Hitzdraht-Anemometrie eine der wichtigsten Methoden für die Geschwindigkeitsmessung in Flammen.

Alternativ zur thermischen Anemometrie können Drucksonden (z. B. Prandtlrohr) verwendet werden. Das Prandtlrohr hat eine Öffnung in Strömungsrichtung zur Messung des Gesamtdruckes und ringförmig in einem Abstand zur Spitze sowie zum Schaft seitliche Bohrungen für die statische Druckmessung. Mit einem Manometer kann die Differenz dieser beiden Drücke gemessen werden. Nach dem Gesetz von Bernoulli entspricht diese Differenz dem dynamischen Druck (Staudruck). Da der Staudruck dem Quadrat der Strömungsgeschwindigkeit proportional ist, kann das Prandtl'sche Staurohr, wie die Vorrichtung auch genannt wird, zur Geschwindigkeitsmessung verwendet werden. Mit Mehrloch-Drucksonden kann zusätzlich auch die Strömungsrichtung bestimmt werden. Da der Druck vom Quadrat der Strömungsgeschwindigkeit abhängt, sind Messungen unter 10 m/s in Luft nur sehr ungenau. Zusätzlich besteht bei den meisten Sonden das Problem, dass der statische Druck benötigt wird, der in vielen Anwendungsfällen nicht exakt bestimmt werden kann. Typischerweise ist eine Frequenzauflösung über 1 kHz hinaus kaum zu realisieren. Aufgrund der geringen Auflösung des Differenzdruckverfahrens, lässt sich diese Methode nur eingeschränkt auf kleine Flammen anwenden. Typischerweise werden größere Flammen ($d > 1$ m) mit dieser Methode untersucht (Koseki & Yumoto, 1988).

Ein berührungsloses optisches Messverfahren ist die Laser-Doppler-Anemometrie LDA (oder auch Laser-Doppler-Velocimetrie LDV genannt) zur Bestimmung von Geschwindigkeitskomponenten in Flammen (Durst et al., 1976). Dabei werden Partikel im Mikrometer-Bereich dem Strömungssystem zugesetzt. Die Impulserhaltung bei der Lichtstreuung führt zu einem Doppler-Effekt (Frequenzänderung des Streulichts), welcher sich leicht messen lässt. Die Frequenzänderung ist dabei proportional zur Geschwindigkeit. Verwendet man zwei sich kreuzende Laserstrahlen, so lassen sich Betrag und Richtung der Geschwindigkeit im Kreuzungspunkt bestimmen (Albrecht et al., 2003). Wie alle Partikeltechniken misst LDA die Geschwindigkeit von Partikeln. Sind die Partikel ausreichend klein (≈ 1 μm), sind Strömungs- und Partikelgeschwindigkeit ungefähr gleich (Weckman & Strong, 1996).

Zur flächenhaften Messung aller drei Geschwindigkeitskomponenten u_x, u_y, u_z in turbulenten Flammen, ist die Particle-Image-Velocimetry (PIV) das bevorzugte Messverfahren (Xin et al., 2005). Mittels Lichtstreuung an kleinen Metalloxidpartikeln, die der Strömung zugegeben werden, wird durch eine Doppelpulsbelichtung die zurückgelegte Wegstrecke der Partikel und damit die Geschwindigkeit der Strömung bestimmt. Es können sowohl die Mittelwerte und Fluktuationen der Strömungsgeschwindigkeit bestimmt als auch turbulente Strukturen visualisiert werden (O'Hern et al., 2005). Neben Untersuchungen an Laborflammen, kann dieses Verfahren auch bei größeren Flammen oder nicht-reaktiven Strömungen ($d \approx 1$ m) eingesetzt werden (O'Hern et al., 2005; Tieszen et al., 2004).

Mit CFD Simulationen lassen sich Strömungsgeschwindigkeiten auch in großen Kerosin- und Heptanflammen 6 m $<$ d $<$ 20 m vorhersagen. In (Kuhr, 2008) wurde die Strömungsgeschwindigkeit in Abhängigkeit vom Pooldurchmesser und Brennstoff untersucht. Dazu wurden radiale und axiale Profile der Strömungsgeschwindigkeit herangezogen. Des weiteren wurden axiale Rückströmungen in den Poolflammen vorhergesagt. Die CFD Vorhersagen stimmen dabei gut mit Experimenten überein.

2.7 Flammentemperaturen

2.7.1 Temperaturfelder in Flammen

Für die Forschung und Entwicklung auf dem Gebiet der Verbrennungs- und Sicherheitstechnik ist die Bestimmung von Temperaturfeldern in Flammen eine der wichtigsten Aufgaben. Die gemessenen, meist zeitlich-gemittelten, Flammentemperaturen frei brennender Tankflammen liegen etwa zwischen 1073 K $< \bar{T}_F <$ 1573 K (Schönbucher & Brötz, 1978). Dagegen liegen die Maximaltemperaturen für die meisten vorgemischten Kohlenwasserstoff/Luft Flammen zwischen 1773 K $< T_{F,max} <$ 2273 K. Oftmals bezieht man sich auch auf die adiabate Flammentemperatur T_{ad}. Hierbei wird angenommen, dass der Verlust von Wärmestrahlung bzw. Wärme in einem Verbrennungssystem gleich null ist. Dieser Zustand ist jedoch technisch nicht zu realisieren und daher ist die adiabatische Flammentemperatur als maximale theoretische Flammentemperatur zu verstehen. Die adiabtischen Flammentemperaturen von verschiedenen Brennstoffen liegen im Bereich von 1573 K $< T_{F,ad} <$ 2573 K (Hennig & Moser, 1977). Das Temperaturfeld beeinflusst im Wesentlichen den Reaktionsablauf und den durch thermische Strahlung, Leitung und Konvektion erfolgenden Wärmeübergang zwischen Flamme und benachbarten Objekten (Dorn, 1976). Die experimentelle Bestimmung der „wahren" Temperatur einer Flamme ist auch heute noch problematisch.

In der Literatur sind bis heute recht wenige Temperaturangaben von frei brennenden Tankflammen flüssiger Brennstoffe zu finden. Die wenigen Messungen unterscheiden sich zudem noch um bis zu $\Delta T \approx$ 600 K (Rußmann, 1967; Näser & Peperhoff, 1951; Rößler, 1959). Räumliche Temperaturfelder $\bar{T}_F(x,y,z)$ von Tankflammen flüssiger Brennstoffe liegen kaum vor. Um diesen Datenmangel zu verringern, wurden in (Dorn, 1976) mit dünnen Pt-Rh/Pt Thermoelementen räumliche Temperaturfelder an Tankflammen in Abhängigkeit des Brennstoffs und des Tankdurchmessers gemessen. Als Beispiele sind in Abb. 2.6 Temperaturfelder der Flammengase $\bar{T}_F(x,y)$ einer n-Hexan Tankflamme mit $d = 300$ mm und $d = 28$ mm dargestellt. Es zeigt sich, dass die Hexanflamme mit $d = 300$ mm ab einer Höhe über dem Tankrand von $x/d = 2.3$ nicht mehr immer rotationssymmetrisch brennt. Die Flamme teilt sich ab dieser Position in zwei Flammenzungen. Dagegen erhält man etwa die gleichen Isothermen wie in der kleineren Tankflamme, wenn sich die Flamme nicht teilt (ungeteilte Flamme). Die maximale Flammengastemperatur von $\bar{T}_{F,max} =$ 1300 K liegt bei der größeren Tankflamme auf der Flammenachse bei $x/d = 1.3$ und ist etwa 100 K höher als die Flammengastemperatur $\bar{T}_F$ an der gleichen Position $x/d = 1.3$ der kleineren Tankflamme. Die maximale Flammengastemperatur von $\bar{T}_{F,max} = 1400$ K der kleineren Tankflamme liegt versetzt von der Flammenachse bei $r/d \approx 1$ im äußeren Bereich der klaren Verbrennungszone und ist um 100 K höher als in der großen Tankflamme.

Neuere Untersuchungen von (Chun, 2007; Chun et al., 2009) zeigen mittlere Flammen-

2.7. FLAMMENTEMPERATUREN

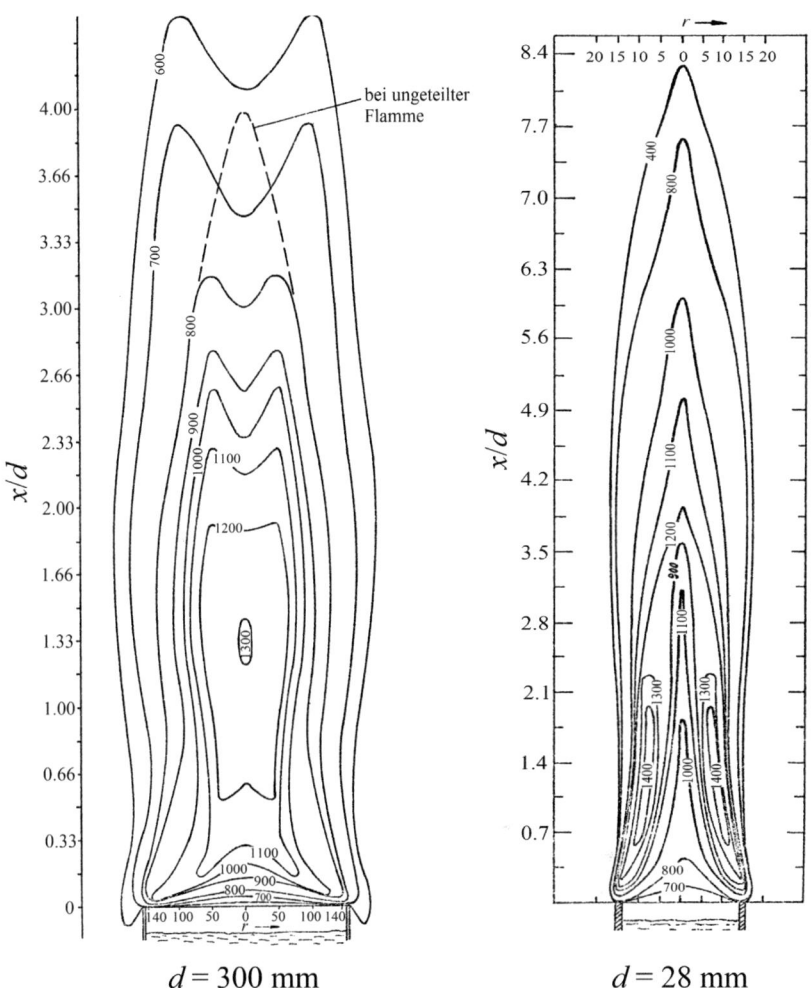

Abb. 2.6: Temperaturfelder $\bar{T}_F(x, y)$ in einer n-Hexan Tankflamme mit $d = 300$ mm (links) und $d = 28$ mm (rechts), nach (Dorn, 1976).

temperaturen von 1423 K $< \bar{T}_F <$ 1523 K und maximale Temperaturen von 1573 K $<$ $T_{F,max} <$ 1673 K für Peroxid-Poolfeuer mit $d = 1.15$ m, 3.15 m, welche gut mit gemessenen Flammentemperaturen von sehr heißen LNG-Poolfeuern im Durchmesserbereich von 8 m $< d <$ 15 m übereinstimmen (Mudan, 1984). Hierbei ist zu berücksichtigen, dass die Temperaturen mit einer Thermokamera gemessen wurden und daher Emissionstemperaturen (Rußstrahlung und Bandenstrahlung der Spezies CO_2, H_2O) an der Flammenoberfläche darstellen. Diese können sich deutlich zu Flammentemperaturen unterscheiden, die im inneren der Flamme mit Thermoelementen gemessen wurden. Am Beispiel von Thermo-

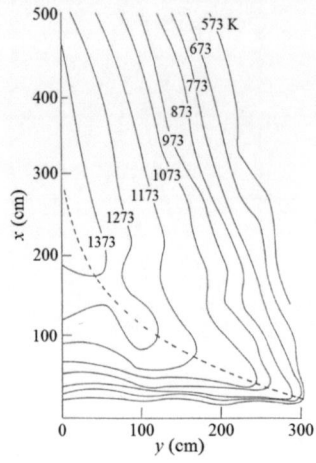

Abb. 2.7: Temperaturfeld $\bar{T}(x,y)$ in einer n-Heptan Poolflamme ($d = 6$ m), nach (Koseki & Yumoto, 1988)

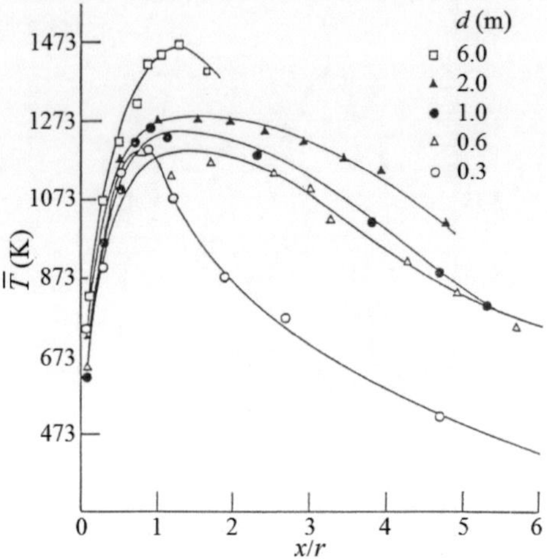

Abb. 2.8: Axiale Temperaturprofile $\bar{T}(x)$ von n-Heptan Poolflammen in Abhängigkeit vom Pooldurchmesser, nach (Koseki & Yumoto, 1988)

element Messungen an einer n-Heptan Poolflamme mit $d = 6$ m, welche charakteristisch für rußende KW-Poolflammen im Durchmesserbereich von 0.3 m $< d < 6$ m ist, soll ein Einblick in die Temperaturfelder von frei brennenden, großen Flammen gegeben werden. In Abb. 2.7 ist das Temperaturfeld einer n-Heptan Poolflamme $d = 6$ m dargestellt. Die maximale Flammengastemperatur von $\bar{T}_{F,max} = 1473$ K liegt bei dieser großen Poolflamme in Nähe der Flammenachse bei $x/d = 0.75$. Es ist deutlich zu erkennen, dass im unteren Bereich der Flamme relativ niedrige Flammentemperaturen, infolge des aufsteigenden und zum größten Teil noch unverbrannten Brennstoffdampfs, vorliegen. Mit zunehmendem axialem Abstand über dem Poolrand nehmen die Temperaturen aufgrund der fortschreitenden Reaktion von Brennstoff und Luftsauerstoff zu. In radialer Richtung dagegen nehmen die Temperaturen mit zunehmendem Abstand von der Flammenachse ab, wobei die Temperaturgradienten zum Poolrand hin zunehmen.

In Abb. 2.8 sind mittlere Temperaturprofile in Abhängigkeit vom Durchmesser entlang der Flammenachse dargestellt. Dabei zeigen alle Temperaturprofile einen ähnlichen Verlauf. Die mittleren Flammengastemperaturen nehmen mit zunehmendem Abstand über dem Poolrand bis zu einer bestimmten Höhe zu, durchlaufen ein Temperaturmaximum und fallen danach wieder ab. Weiterhin ist zu erkennen, dass sich die Lage der Temperaturmaxima mit abnehmendem Durchmesser zur Flammenachse hin verschieben. Das Maximum der mittleren Temperaturen zeigt ebenfalls eine Durchmesserabhängigkeit und nimmt mit zunehmendem Durchmesser zu. Die Temperaturmaxima liegen für alle Durchmesser in

2.7. FLAMMENTEMPERATUREN

einem engen Bereich von $0.65 < x/d < 0.8$.
Ausführliche Temperaturmessungen an nicht-vorgemischten Flammen wurden von McCaffrey durchgeführt (McCaffrey, 1979). Als experimenteller Aufbau wurde hierzu ein Gasbrenner verwendet mit relativ geringer Ausströmgeschwindigkeit des Brennstoffs, um eine dem Poolfeuer ähnliche Bedingung zu erreichen. McCaffrey charakterisierte drei verschiedene Zonen in solchen Poolfeuern:

- Unmittelbar über der Flammenbasis schließt sich eine klare Verbrennungszone an. Innerhalb dieser klaren Verbrennungszone ist die Flammentemperatur konstant mit Werten von $\bar{T}_F \approx 1200$ K.

- Oberhalb schließt sich die Pulsationszone an. In dieser Flammenregion nehmen die Temperaturen mit zunehmendem axialem Abstand über dem Tankrand kontinuierlich ab. Die dabei noch sichtbare Flammenspitze hat eine Temperatur von $\bar{T}_F \approx 600$ K.

- Die Region oberhalb der sichtbaren Kontur ist die thermische Plumezone, die größtenteils aus heißer Luft und Verbrennungsprodukten besteht. In der Plumezone nimmt die Temperatur kontinuierlich mit zunehmender weiter Höhe ab.

Französische Wissenschaftler führten ähnliche Messungen an Poolfeuern durch (Audouin et al., 1995) und fanden eine sehr gute Übereinstimmung mit den Werten von McCaffrey. Auch (Cox & Chitty, 1980) fanden gute Übereinstimmungen mit den Messungen von McCaffrey: Temperaturen von $\bar{T}_F \approx 1200$ K in der klaren Verbrennungszone und eine Temperatur von $\bar{T}_F \approx 610$ K an der noch sichtbaren Flammenspitze, wobei letztere Temperatur abhängig vom Brennstoff ist. Je höher die Massenabbrandrate des Brennstoffs ist, desto höher ist auch die Temperatur an der Flammenspitze, was anhand verschiedener Messungen gezeigt werden konnte. In einer späteren Veröffentlichung (Smith & Cox, 1992) untersuchten Wissenschaftler desselben Instituts turbulente nicht-vorgemischte Flammen unter leicht veränderten Bedingungen und fanden Temperaturen von 1450 K $< \bar{T}_F <$ 1500 K für Erdgasflammen, die deutlich höher als 1200 K lagen. Als Geometrie wurden rechteckige und kreisförmige Pools gewählt.
In (Yuan & Cox, 1996) wurde die Flammentemperatur von der geometrischen Abhängigkeit des Pools untersucht. Dabei wurde ein sog. Schlitz-Brenner verwendet und Punktmessungen innerhalb der Flamme durchgeführt. Es konnte wiederum gezeigt werden, dass die Flammentemperatur in der klaren Verbrennungszone $\bar{T}_F \approx 1200$ K und die an der Flammenspitze $\bar{T}_F \approx 410$ K beträgt. Diese Ergebnisse führen zur Annahme, dass die Flammentemperatur nicht von der Form der Brennstoffquelle (quadratisch, kreisförmig, etc.) abhängen.
In Bränden von Lagerhallen wurden Flammentemperaturen von $\bar{T}_F \approx 1140$ K in der klaren Verbrennungszone gemessen (Ingason, 1994). Die mittlere Temperatur an der Flammenspitze betrug $\bar{T}_F \approx 720$ K, jedoch gab es eine große Bandbreite im Bereich von 570 K $<$

$\bar{T}_F < 870$ K. In einer ähnlichen Studie (Ingason, 1998) wurden Temperaturen von $\bar{T}_F \approx$ 670 K an der Flammenspitze für Brennerflammen mit Propan, Propylen und Kohlenstoffmonoxid als Brennstoff gefunden. Nach Hekestad wird ein Anstieg der Temperatur von $\Delta T = 500$ K gegenüber der Umgebung als Kriterium für die Flammenspitze definiert (Heskestad, 1997). Berücksichtigt man alle oben aufgeführten Temperaturuntersuchungen an nicht-vorgemischten turbulenten Flammen, so erscheint es als vernünftig, die Temperatur an der sichtbaren Flammenspitze mit 600 K $< \bar{T}_F <$ 680 K abzuschätzen. Für kleine Flammen ($d < 1$ m) sind Flammentemperaturen von $\bar{T}_F \approx 1200$ K in der klaren Verbrennungszone zu erwarten, wobei bei größeren Pooldurchmessern ($d > 1$ m) die Temperaturen bis auf $\bar{T}_F \approx 1500$ K ansteigen können.

2.7.2 Ermittlung von Flammentemperaturen

Die hier behandelten Messmethoden zur Ermittlung von Flammentemperaturen lassen sich in zwei Gruppen einteilen. Dise sind die direkten Punktmessungen mit Sonden, die in die Flamme eingeführt werden und die berührungslosen und trägheitsfreien optischen oder spektroskopischen Methoden. Verglichen mit den direkten Methoden bieten optische Methoden beträchtliche Vorteile bei der Ermittlung von Flammentemperaturen. Zum einen stören diese Messungen nicht das Temperaturfeld, da die von der Flamme absorbierte Energie in den meisten Fällen gering ist im Vergleich zum Energieaustausch durch Wärmeübertragung. Die optischen Methoden sind außerdem praktisch nicht mit Trägheitsfehlern belastet, so dass schnell ablaufende Vorgänge in Flammen exakt verfolgt werden können. Diesen Vorteil verdankt man der Möglichkeit, das gesamte Temperaturfeld auf einer einzigen Aufnahme festhalten zu können. Die üblicherweise aus Punkt-für-Punkt-Messungen erhaltenen Informationn werden stattdessen durch die Auswertung einer Aufnahme gewonnen. Derartige Messungen sind häufig mit höherer Empfindlichkeit und Genauigkeit durchführbar als Ausmessungen des Temperaturfelds mit Hilfe von z. B. Thermoelementen.

Die optischen Methoden weisen jedoch auch Nachteile auf: Die untersuchten Flammen müssen optisch dünn und strahlungsdurchlässig sein. Um für genaue Auswertungen geeignete Aufnahmen zu erhalten, dürfen nur verhältnismäßig kleine Durchmesserbereiche gewählt werden ($d < 10$ cm). Die optischen Methoden liefern z. B. Informationen über das Brechzahlfeld oder Wärmestromdichten, welche nachträgliche Berechnungen erfordern, um als Temperaturfeld interpretiert werden zu können. Man ersieht, dass optischen Methoden, wie alle anderen Messverfahren, auch kein universelles, sondern nur ein begrenztes Anwendungsgebiet zukommt.

Temperaturfelder in Flammen lassen sich am einfachsten und schnell mittels Thermoelementen messen. Indirekt lassen sich Temperaturen durch optische Methoden, wie z. B. mit IR-Thermographiesystemen und holographischer Interferometrie unter Berücksichtigung der Spezieszusammensetzung bestimmen oder durch spektroskopische Methoden, wie z. B. der Laserinduzierten Fluoreszenz (LIF) und der CARS-Spektroskopie.

Die Messung mit Thermoelementen bietet Punktmessungen innerhalb der Flamme und ermöglicht die Erstellung von radialen sowie axialen Temperaturprofilen. Je nach Temperaturbereich werden verschiedene Metallkombinationen (z. B. Platin/Platin-Rhodium oder Wolfram/Wolfram-Molybdän) verwendet. Ein Thermoelement besteht aus zwei Drähten verschiedener Metalle, deren eines Ende in der Flamme positioniert ist (sog. Messstelle) und das freie Ende, welches die Vergleichsstelle darstellt. Wird die Messstelle erwärmt, so entsteht zwischen den freien Drahtenden eine Thermospannung (thermoelektrischer Effekt), die proportional zur Temperaturdifferenz zwischen den beiden Enden ist.

Aufgrund der Trägheit und der relativ großen Ansprechzeit von Thermoelementen können nur zeitlich-gemittelte Flammentemperaturen gemessen werden. Weitere Nachteile dieser Methode sind, dass keine berührungslosen Messungen möglich sind (katalytische Reaktionen an der Oberfläche, Wärmeableitung durch die Drähte, Störung des Flammenfelds, Rußablagerung auf der Oberfläche) und dass Strahlungsverluste auftreten (Warnatz et al., 2001). Je nach Drahtdurchmesser und Materialkombination können Unterschiede von mehreren hundert Kelvin zwischen gemessener Temperatur und Flammengastemperatur auftreten (Farrow et al., 1982). Zur Ermittlung der „wahren" Flammentemperatur müssen zusätzlich Korrekturrechnungen verwendet werden (Sato et al., 1975).

Mit Hilfe von IR-Thermographiesystemen kann die Emissionstemperatur und deren Verteilung auf der Flammenoberfläche indirekt über integrierte Wärmestromdichtemessungen bestimmt werden (Goeck, 1988). Durch die Auswertung von Thermogrammen lassen sich zugehörige Temperatur-Histogramme erstellen, die die ortsabhängigen Inhomogenitäten und die zeitabhängigen Schwankungen der Flamme zeigen (Vela et al., 2009). Zur Beurteilung der Thermogramme werden in einem nächsten Schritt die Häufigkeitsverteilungen der Temperaturen aufgetragen und diese mit einer Wahrscheinlichkeitsdichtefunktion (Probability Density Function) approximiert (Muñoz et al., 2004). Mit dieser Methode können u. a. organisierte Strukturen (wie hot spots und Rußballen) in Tankflammen charakterisiert werden. Dieses Verfahren kommt vor allem bei großen Pool- und Tankfammen ($d > 1$ m) aufgrund der Portabilität und Kompatibilität mit Auswertesystemen zum Einsatz (Goeck, 1988; Chun, 2007).

Zur Ermittlung momentaner Temperaturfelder in radial-symmetrischen Tankflammen kann die holographische real-time Interferometrie (HI) verwendet werden. Die HI ermöglicht die kontinuierliche Bestimmung momentaner Brechzahlfelder, aus denen sich, unter Berücksichtigung zeitlich-gemittelter Spezieskonzentrationsfelder und Anwendung der Gladstone-Dale-Gleichung, quasi-momentane Dichte- und Temperaturfelder berechnen lassen (Lucas, 1981). HI ist eine berührungslose und trägheitsfreie optische Methode, die eine hohe räumliche und zeitliche Auflösung besitzt, ohne dabei das Flammenfeld zu stören (Qi et al., 2006; Zhang & Zhou, 2007; Shakher & Nirala, 1999; Posner & Dunn-Rankin, 2003). Im Gegensatz zu mühsamen Punktmessungen, wie dies mit Thermoelementen der Fall ist, können unter Verwendung eines holographischen Interferometers mit mehreren Strahlrichtungen auch Informationen über das gesamte 3D-Flammentemperaturfeld in nicht radial-symmetrischen Tankflammen bestimmt werden (Doi & Sato, 2007). Insbesondere in technischen Verbrennungsprozessen können Flammentemperaturen, Brennstoffkonzentrationen und das Äquivalenzverhältnis von Brennstoff/Luft simultan mit der Methode der Laserinduzierten Fluoreszenz (LIF) bestimmt werden (Schulz & Sick, 2005). Dabei wird die selektive Anregung von Energiezuständen in Molekülen (z. B. von OH-Radikalen) zur Bestimmung der Flammentemperatur im Bereich der Flammenfront herangezogen (Thorne, 1988; Schießl et al., 2004). Allerdings muss dazu die Konzentration an OH-Radikalen ausreichend hoch sein. Um das gesamte 2D-Temperaturfeld und nicht nur die Temperaturen im Bereich der Flammenfront zu erhalten, müssen geeignete fluoreszierende Substanzen (sog. Tracer wie z. B. NO oder Toluol) zugesetzt werden, die einigermaßen stabil sind und deshalb in ausreichender Konzentration vorliegen (Seitzmann et al., 1985; Kronemayer et al., 2005; Bessler & Schulz, 2004). Dabei muss jedoch darauf geachtet werden, dass die zugesetzten Spezies den Verbrennungsablauf nicht stören. In Tankflammen ist das Impfen mit fluoreszierenden Spezies jedoch äußerst schwierig, da diese nicht direkt in den aufsteigenden Brennstoffdampf mit eingebracht werden können. Die kohärente anti-Stokes Raman-Spektroskopie (CARS) ist eine Messtechnik aus dem Bereich der nicht-linearen Optik und stellt das zurzeit genaueste berührungslose Messverfahren zur Bestimmung von Flammentemperaturen dar (Bessler & Schulz, 2004). Allerdings können mit dieser Methode nur Punktmessungen durchgeführt werden. Durch einen speziellen Anregungsprozess im Überlagerungsgebiet dreier Laserstrahlen entsteht durch Wechselwirkung der elektromagnetischen Wellen mit Molekülen ein gerichtetes, d.h. laserähnliches Signal. Diese Eigenschaft ermöglicht es, die Messtechnik auch in optisch dichten Medien wie z. b. stark rußende KW-Flammen, zur simultanen Bestimmung von Flammentemperaturen und Spezieskonzentrationen einzusetzen. Hierzu werden hochaufgelöste Spektren mit aus Molekülspektren simulierten Spektren verglichen. Mit dieser neuartigen Methode konnte zum ersten Mal Flammentemperaturen und Spezieskonzentrationen mit einer örtlichen Auflösung von $\Delta x, \Delta y, \Delta z = 10^{-3}$ m und zeitlichen Auflösung von $\Delta t = 10^{-9}$ s in einem rußenden JP-8 Poolfeuer ($d = 2$ m) simultan gemessen werden (Kearney et al., 2009). Nachteile bestehen vor allem in den hohen Investitionskosten und der sehr komplizierten Auswertung der Spektren, die durch den stark nichtlinearen Zusammenhang zwischen Messsignal und Messgröße verursacht wird (Sick et al., 1991).

2.8 Spezieszusammensetzung der Flammengase

Zur Erforschung der in der Flamme ablaufenden Stoff-, Impuls-, Wärmetransportvorgängen und chemischen Reaktionen, sind Konzentrationsmessungen von großem Interesse. Als einfache und schnelle Messmethode eignen sich z. B. gaschromatographische Untersuchungen an Tankflammen zur Ermittlung von zeitlich-gemittelten Spezieskonzentrationsprofilen (Walcher, 1982). Hierzu werden Kapillaren (Flammensonden) in das Flammenfeld eingeführt, deren Wände gekühlt werden, um eine Weiterreaktion der Verbrennungsprodukte in der Kapillare zu vermeiden (Einfrieren der Reaktion). Nachteile dieser Methode liegen vor allem darin, dass das Strömungs- und Flammenfeld durch die Kapillare gestört werden und dass Radikale wie z. B. OH, O und H aufgrund Ihrer geringen Aktivierungsenergie in der Kapillare noch weiterreagieren können (Warnatz et al., 2001). Oftmals weichen die Ergebnisse von Probenentnahmen und optischen Methoden selbst für stabile Spezies stark voneinander ab (Nguyen et al., 1995). Daher sind optische Methoden den Probenentnahmen mittels Flammensonde vorzuziehen.

Als optische Methoden erweisen sich vor allem die Raman- und CARS-Spektroskopie sowie Laserinduzierte Fluoreszenz (Schießl et al., 2004) als geeignete und berührungslose Messmethoden zur Bestimmung von Radikalkonzentrationen. Durch die hohe örtliche und zeitliche Auflösung können, die oftmals auch für CFD Simulationen geforderten, Konzentrationsschwankungen bestimmt werden. Die spektroskopischen Methoden zur Ermittlung der Spezieszusammensetzung lassen sich jedoch nur beschränkt auf KW-Tankflammen anwenden, da die höheren Kohlenwasserstoffe wie z. B. C_6H_{14} mit den spektroskopischen Methoden nur äußerst schwierig messbar sind. Auf die physikalischen Vorgänge bei diesen Prozessen, welche sehr komplex sind, soll hier nicht näher eingegangen werden. Zur weiteren Erläuterung dieser Methoden wird auf (Eckbreth, 1996; Wolfrum, 1986) verwiesen.

Die durch chemische Reaktion entstehenden Spezies in Flammen, die die Verbrennung von KW Flammen beschreiben, können sehr umfangreich sein und aus hunderten oder tausenden Spezies bestehen. Je nach Flammentyp (laminar, turbulent, vorgemischt, nichtvorgemischt) liegen unterschiedliche Konzentrationen von Spezies mit verschiedenen optischen Eigenschaften (z. B. spezifische Standardrefraktion) vor. Zur Auswertung von Interferogrammen müssen insbesondere die Spezies mit einer hohen spezifischen Standardrefraktion zur Berechnung des Temperaturfelds bekannt sein. Dies ist insbesondere bei turbulenten Flammen schwierig, da das Flammenfeld aus einzelnen Wirbelballen zusammengesetzt ist, die entweder Luft oder Brennstoff, und zwar rein bzw. mit Abgas gemischt, oder reines Abgas enthalten können (Schönbucher & Brötz, 1978). Der turbulente Stofftransport von O_2, N_2, CO_2, CO, H_2O-Dampf sowie von Rußteilchen wurde in der Plumezone am Beispiel einer n-Hexan Tankflamme in (Schönbucher, 1981) untersucht. In Abb. 2.9 sind die axialen Konzentrationsprofile des Brennstoffs und der Umgebungsluft N_2/O_2 (a), der Abgase CO, CO_2 und H_2O-Dampf (b) sowie der gasförmigen Pyrolyseprodukte (c) dargestellt. Als Hauptbestandteile enthält die Plumezone von Tankflammen heiße Luft, neben relativ geringen Mengen an CO_2, H_2O-Dampf und CO, sowie sehr geringe Mengen an Crackgasen und bei leuchtenden Tankflammen Spuren von Ruß. Dabei kann es an einzelnen Berührungsflächen nach erfolgter molekularer Mischung zu chemischen Reaktionen kommen (Günther, 1984). Im turbulenten Bereich der Flamme (Plumezone) können die Stofftransportvorgänge nicht mehr alleine mit den molekularen

Größen beschrieben werden, sondern es kommen die turbulenten Stoffaustauschgrößen hinzu, die gegenüber den molekularen Größen bei weitem dominieren (Fristrom & Westenberg, 1965). Im Gegensatz zur Plumezone unterliegt der größte Teil des Brennstoffdampfes im Bereich der klaren Verbrennungszone einer Fick'schen Diffusion, bis dieser in die Nähe der sichtbaren Flammenkontur gelangt und erst dort fast vollständig verbrennt. In der klaren Verbrennungszone entstehen weiterhin aus einem kleinen Anteil des eingesetzten Brennstoffs, infolge thermischer Crackung, Rußteilchen sowie eine Vielzahl typischer Crackprodukte, die zum größten Teil bereits in der Pulsationszone noch verbrennen bzw. zu geringen Rußkonzentrationen beitragen (Schönbucher, 1981). Da die exakte Ermittlung der Flammengaszusammensetzung aus dem Zusammenwirken von Strömung, Mischung und Ausbrand noch erhebliche Schwierigkeiten bereitet, ist man auf Näherungen angewiesen. Daher sind zur Ermittlung der Spezieskonzentrationen zahlreiche Modelle entwickelt worden (Hawthorne *et al.*, 1949; Günther, 1977; Spalding, 1976).

2.8. SPEZIESZUSAMMENSETZUNG DER FLAMMENGASE

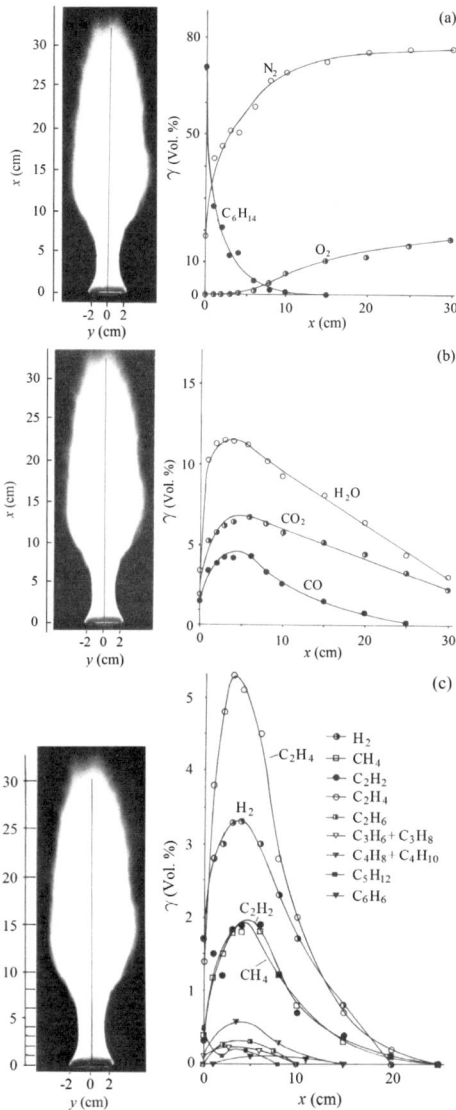

Abb. 2.9: Axiale Konzentrationsprofile des Brennstoffs und der Umgebungsluft N_2/O_2 (a), der Abgase CO, CO_2 und H_2O-Dampf (b) sowie der gasförmigen Pyrolyseprodukte (c) mit zugehöriger photographischer Langzeitaufnahme einer n-Hexan Tankflamme ($d = 4.6$ cm), nach (Walcher, 1982).

Kapitel 3

Holographische Interferometrie von Phasenobjekten

3.1 Real-time- und Doppelbelichtungsverfahren

Seit längerer Zeit bedient man sich zur berührungslosen und trägheitsfreien Messung von Druck-, Temperatur- und Spezieskonzentrationsfeldern in Fluiden interferometrischer Methoden (Becker & Grigull, 1972). Die Grundlagen der Holographie wurden 1947 von Dennis Gabor entwickelt (Gabor, 1948; Gabor, 1972), die es erstmals ermöglichte, auch 3D-Phasenobjekte auf einem 2D-Speichermedium, wie z. B. photographischen Emulsionen, aufzuzeichnen und zu rekonstruieren.

Durch Anwendung des Holographieprinzips auf die klassische Interferometrie ergibt sich die holographische Interferometrie, die in der vorliegenden Arbeit als Messmethode eingesetzt wurde. Häufig werden das Doppelbelichtungsverfahren oder die real-time Methode verwendet (Kreis, 2005; Rastogi, 1994; Vest, 1979; Mayinger, 2001). Eine ausführliche Beschreibung der in der Arbeit angewandten real-time Methode für 3D-Phasenobjekte ist in Abschnitt 4.1 dargestellt.

Handelt es sich bei dem zu untersuchenden Objekt um ein stationäres System, so ist das Doppelbelichtungsverfahren eine geeignete Methode (Heflinger et al., 1966). Es wird eine photographische Platte mit der Vergleichswelle (Luft unter definierten Umgebungsbedingungen $T = T_u$, $p = p_u$) und Referenzwelle belichtet, so dass die Vergleichswelle holographisch gespeichert ist. Nach dieser Belichtung werden ein oder mehrere Aufnahmen von dem Phasenobjekt (z. B. Flamme) mit einem gepulsten Laser durchgeführt (Doppelbelichtung), d. h. es werden auf der gleichen Photoplatte ein oder mehrere Objektwellen mit entsprechend deformierten Wellenfronten gespeichert. Bei der Rekonstruktion mit der Referenzwelle überlagern sich die rekonstruierten Wellenfronten von Vergleichswelle und Objektwellen und erzeugen ein Interferenzstreifenmuster, das die Informationen über die Deformationen der Objektwellenfronten (z. B. durch die Flamme erzeugt) enthält. Dieses

Interferenzstreifenmuster repräsentiert die optischen Weglängendifferenzen zwischen dem Objektzustand und dem Vergleichszustand. Zur Untersuchung von Verbrennungsprozessen in Flammen gestattet das real-time Verfahren die kontinuierliche Beobachtung des Flammenfeldes. Anwendungen sind z. B. die Untersuchungen an Tankflammen (Lucas, 1981) und auftriebsbestimmten nicht-reaktiven Strömungen (z. B. Helium- oder Heißluftausströmung) zur Ermittlung von Dichte- oder Temperaturfeldern (Kaufmann, 1990). Das real-time Verfahren basiert in einem ersten Schritt auf der Speicherung der Vergleichswelle (Vergleichszustand ist Luft unter definierten Umgebungsbedingungen $T = T_\mathrm{u}$, $p = p_\mathrm{u}$) mit der Referenzwelle auf der Hologrammplatte. Nach der Entwicklung des Hologramms wird es exakt zurückpositioniert und das Phasenobjekt in den Testraum gebracht. In einem zweiten Schritt wird die mit der Referenzwelle kontinuierlich freigesetzte Vergleichswelle mit der kontinuierlich deformierten Objektwelle (durch das Phasenobjekt deformierte ursprünglich ebene Wellenfront) hinter der Hologrammplatte zur Interferenz gebracht, wodurch real-time Interferogramme entstehen.

Die hinter dem Hologramm erzeugten Interferogramme lassen sich beispielsweise mit Filmkameras oder in den letzten Jahren auch mit digitalen Hochgeschwindigkeitskameras aufzeichnen und quantitativ mit der entsprechenden Software (z. B. Matlab©) auswerten.

Da das Doppelbelichtungsverfahren und die real-time Methode auf einem Differenzverfahren basieren, erweist sich als großer Vorteil, dass relativ einfache, selbst fehlerbehaftete, somit preisgünstige optische Komponenten (wie z. B. Fenster, Linsen, Spiegel, usw.) im Strahlengang eingesetzt werden können. Die von diesen Komponenten zusätzlich erzeugten Störungen (Änderungen der Phasenfronten) sind dann bei beiden Aufnahmen identisch vorhanden und heben sich bei der Differenzbildung wechselseitig auf, wenn sie sich, was im Allgemeinen der Fall ist, im Zeitintervall während der Aufzeichnung nicht ändern (Hugenschmidt, 2006).

3.2 Interferogramme

Mit Interferogrammen können quantitative Größen, wie beispielsweise Dichte-, Temperatur- und Spezieskonzentrationsfelder in Flammen, in Form von Interferenzstreifenverschiebungen sichtbar gemacht werden. Die dunklen und hellen Interferenzstreifen entstehen durch Konzentrations- und Dichteunterschiede sowie durch die Geometrie des Phasenobjekts. Entlang dieser Interferenzstreifen ist die Phasendifferenz $\Delta\phi$ bzw. die Differenz der optischen Weglängen $\Delta(zn)$ zwischen der deformierten Objektwelle und der ebenen Vergleichswelle konstant. Entsteht eine interferometrische Ringstruktur, so besitzt jeder Ring jeweils konstante Interferenzstreifenordnung, also konstante optische Weglängendifferenz. Unter der Annahme eines 2D-Brechzahlfelds $n(x,y)$ und Vernachlässigung der Lichtstrahlablenkung berechnet sich die im Interferogramm sichtbare Phasenverschiebung $\Delta\phi$ aus der

3.2. INTERFEROGRAMME

Differenz der optischen Weglängen $\Delta(zn)$ von Objekt- und Vergleichswelle zu

$$\Delta\phi = \frac{2\pi}{\lambda}\Delta(zn) \ . \tag{3.1}$$

Δz ist der geometrische Weg, der entlang des Lichtstrahls, aufgrund der Änderung des Brechungsindexes relativ zum Brechungsindex der umgebenden Luft, eine Phasenverschiebung erfährt. Die Differenz der Brechungsindices von Flammengasen n_m und Umgebungsluft n_u wird als Δn bezeichnet.
Da das Phasenobjekt durch ein 3D-Brechzahlfeld $n_m(x, y, z, t)$ charakterisiert ist, wird eine 2D-Phasenverschiebung $\Delta\phi(x, y, t)$ erzeugt, die mit Hilfe der real-time Interferometrie sichtbar gemacht werden kann.
Besonders gut können mit der holographischen Interferometrie z. B. die thermische Grenzschicht (bei Flammen) oder Dichtegrenzschicht (bei nicht-reaktiven Strömungen) zwischen Umgebung und Fluidströmung aufgelöst werden. Dies ist am Beispiel von real-time Interferogrammen einer Hexanflamme und einer nicht-reaktiven Heliumausströmung mit $d = 5$ cm in Abb. 3.1 dargestellt.

Verwendet man als Brennstoff z. B. CO, so ist der Brechungsindex des Frischgasgemisches und der Luft bei gleicher Temperatur nahezu gleich dem des Verbrennungsproduktes CO_2, so dass das Interferenzstreifenmuster ausschließlich von den Temperaturen in der Flamme bestimmt wird und die Spezieskonzentrationen von CO, CO_2 und Luft kaum einen Einfluss haben (Stephan & Mayinger, 2009). Die Interferenzstreifen stellen im Spezialfall von CO-Flammen in erster Näherung Linien konstanter Massendichte bzw. konstanter Temperatur dar. Bei Interferogrammen von z. B. KW-Tankflammen müssen jedoch zusätzlich noch die unverbrannten KW sowie weitere Spezies mit hohen spezifischen Standardrefraktionen berücksichtigt werden.
Wie bei allen 2D-Messmethoden ist zu beachten, dass es sich um die Integration entsprechend Gl. (3.4) über die gesamte Tiefe (radiale Ausdehnung der Flamme inklusive der thermischen Grenzschicht) des Phasenobjekts in Lichtstrahlrichtung handelt. Um aus den im Interferogramm beobachteten optischen Weglängendifferenzen auf den Verlauf des Brechungsindexes schließen zu können, ist die Kenntnis des geometrischen Weges des Lichtstrahls erforderlich. Die einfachste Annahme über den geometrischen Weg ist dabei die ideale Interferomtrie, d. h. die Lichtstrahlen durchlaufen das Phasenobjekt geradlinig (in z-Richtung), ohne aus ihrer ursprünglichen Richtung abgelenkt zu werden. Die Interenzstreifenordnung S ergibt sich in diesem Fall aus der Integration entlang der Lichtstrahlrichtung z über die z-Koordinate z_G, deren Länge das Phasenobjekt umfasst, der Lichtwellenlänge λ und dem Unterschied des Brechungsindex zwischen Umgebung und Phasenobjekt, z. B. Flamme $n_m(x, y, z, t) - n_u$ aus der sog. Gleichung der idealen Interferometrie

KAPITEL 3. HOLOGRAPHISCHE INTERFEROMETRIE VON PHASENOBJEKTEN

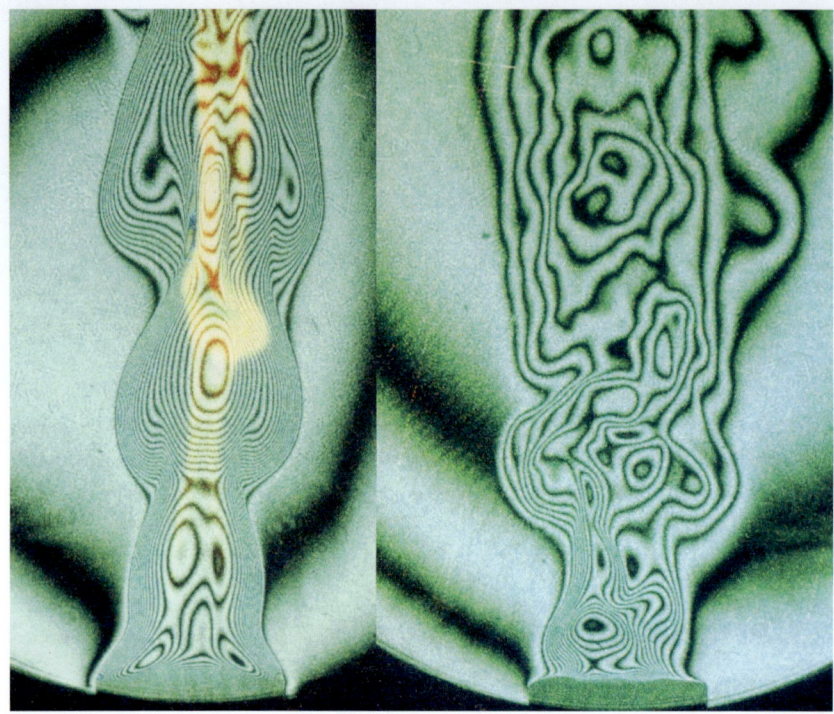

Abb. 3.1: Real-time Interferogramme am Beispiel einer n-Hexanflamme simultan überlagert mit der sichtbaren Flamme (links) und einer nicht-reaktiven Heliumausströmung (rechts) mit jeweils $d = 5$ cm.

$$\Delta\phi(x,y,t) = \frac{2\pi}{\lambda} \int_{-z_\mathrm{G}}^{+z_\mathrm{G}} [n_\mathrm{m}(x,y,z,t) - n_\mathrm{u}] \, \mathrm{d}z \,, \qquad (3.2)$$

mit der Interferenzstreifenordnung S nach

$$S(x,y,t) = \frac{\Delta\phi(x,y,t)}{2\pi} \,. \qquad (3.3)$$

Aus den Gln. (3.2) und (3.3) ergibt sich folgendes Linienintegral, das Eikonal

$$S(x,y,t) = \frac{1}{\lambda} \int_{-z_\mathrm{G}}^{+z_\mathrm{G}} [n_\mathrm{m}(x,y,z,t) - n_\mathrm{u}] \, \mathrm{d}z \,. \qquad (3.4)$$

Die hellen und dunklen Streifen stellen somit Linien konstanter Eikonale dar, ausgedrückt

in Vielfachen S der Wellenlänge λ.
In Gl. (3.4) lässt sich erkennen, dass die Interferenzstreifenordnung S völlig unabhängig von der Ebene ist, in der sie beobachtet wird. Dies resultiert daraus, dass man geradlinige Lichtausbreitung angenommen hat und aus diesem Grund ein bestimmter Lichtstrahl des Messbündels immer mit demselben Strahl des Interferenzbündels interferiert, unabhängig von der Beobachtungsebene (Becker & Grigull, 1972).
Wie aus Gl. (3.4) weiter ersichtlich ist, wird das Interferenzstreifenfeld $S(x, y, t)$ grundsätzlich durch zwei Einflussgrößen bestimmt

- durch das von dem Phasenobjekt erzeugte Brechzahlfeld $n_\mathrm{m}(x, y, z, t)$,
- durch die Geometrie des Phasenobjekts, innerhalb der Integrationsgrenzen $(-z_\mathrm{G}, +z_\mathrm{G})$.

3.3 Abel Transformation

In radial-symmetrischen Flammen muss zur Berechnung des momentanen Brechzahlfeldes $n_\mathrm{m}(r, x, t)$ Gl. (3.4) mit der Abel Transformation (Kreis, 2005; Rastogi, 1994) invertiert werden.
Zunächst kann die nicht zugängliche z-Koordinate in Lichtstrahlrichtung mit Hilfe der y-Koordinate und des Radius r beschrieben werden

$$z = \sqrt{r^2 - y^2} \ . \tag{3.5}$$

Damit lässt sich Gl. (3.4) umformen zu

$$S(r, x, t) = \frac{2}{\lambda} \int_{y=r}^{d/2} \frac{[n_\mathrm{m}(r, x, t) - n_\mathrm{u}] \ r \ \mathrm{d}r}{\sqrt{r^2 - y^2}} \ . \tag{3.6}$$

Nach Anwendung der Abel Transformation ergibt sich

$$n_\mathrm{m}(r, x) - n_\mathrm{u} = -\frac{\lambda}{\pi} \int_{y=r}^{d/2} \frac{\left[\frac{\partial S(y,x)}{\partial y}\right]_x}{\sqrt{y^2 - r^2}} \ \mathrm{d}y \ . \tag{3.7}$$

Gl. (3.7) gilt für radial-symmetrische Phasenobjekte und ist nur unter Voraussetzung der sog. idealen Interferometrie gültig.
Eine Abweichung der idealen Interferometrie tritt bei der interferometrischen Untersuchung 3D-Phasenobjekte hauptsächlich in der Form der Lichtstrahlablenkung auf. Nach dem Fermat'schen Prinzip ist der optische Weg zwischen allen korrespondierenden Punkten zweier Phasenflächen desselben Lichtbündels konstant (Erb, 1992). Daher erfährt das

Tab. 3.1: Dichte $\rho_{i,0}$, Molmasse $\tilde{M}_i$ und spezifische Standardrefraktion $N_{i,0}$ der Spezies i des Flammengasgemisches unter Standardbedingungen ($p_0 = 1.013$ bar, $T_0 = 273$ K), nach (Gardiner et al., 1981).

Spezies	$\rho_{i,0}$ (kg/m^3)	$\tilde{M}_i$ (kg/kmol)	$N_{i,0}$ 10^{-4} (m^3/kg)
H$_2$	0.09	2	10.35
N$_2$	1.25	28	1.60
O$_2$	1.43	32	1.27
CO	1.25	28	1.80
CO$_2$	1.98	44	1.52
C$_2$H$_4$	1.26	28	3.81
H$_2$O	0.77	18	2.22
C$_3$-	1.96	43	3.66
C$_4$-	2.60	57	3.53
C$_5$-	3.30	71	3.41
C$_6$H$_{14}$	3.83	86	3.54
O		16	1.80
OH		17	3.50
N		14	3.10

In Tab. 3.1 sind Werte der spezifischen Standardrefraktion $N_{i,0}$ von gemessenen Spezies aufgeführt. Der Einfluss der Spezieskonzentrationen auf die Ermittlung der Massendichte wird meistens auf etwa 10 % des Gesamteinflusses von Temperatur und Zusammensetzung abgeschätzt (Hauf & Grigull, 2006; South & Hayward, 1976; Mayinger & Panknin, 1978). Diese Abschätzung setzt jedoch eine stöchiometrische Verbrennung von Kohlenwasserstoffen voraus. Umfangreiche, gaschromatographische Untersuchungen an n-Hexan-Tankflammen (Schönbucher et al., 1978) lieferten die Erkenntnis, dass bei weitem keine stöchiometrische Verbrennung, besonders im achsnahen Bereich der Verbrennungs- und Pulsationszone, vorliegt. Es ist daher notwendig, für eine korrekte Dichte- und Temperaturbestimmung, die Spezieskonzentrationen so genau wie möglich zu ermitteln.

Bei Gasen können, unter Berücksichtigung des idealen Gasgesetzes, Temperaturfelder in Flammen mit folgender Gleichung berechnet werden

$$T_{\mathrm{m}}(r,x) = \frac{1}{\rho_{\mathrm{m}}(r,x)} \frac{\sum_i \gamma_i(r,x)\, \rho_{i,0}}{\sum_i \gamma_i(r,x)} T_0 \qquad (3.11)$$

oder mit den Gln. (3.7), (3.9) und (3.10)

3.4. GLADSTONE-DALE-GLEICHUNG

$$T_\mathrm{m}(r,x) = \cfrac{3/2}{-\frac{\lambda}{\pi} \int\limits_{y=r}^{d/2} \frac{\left[\frac{\partial S(y,x)}{\partial y}\right]_x}{\sqrt{y^2-r^2}}\,\mathrm{d}y + n_\mathrm{u} - 1} \; \cfrac{\sum\limits_i \gamma_i(r,x)\,\rho_{i,0} \sum\limits_i \gamma_i(r,x)\,N_{i,0}}{\left[\sum\limits_i \gamma_i(r,x)\right]^2}\; T_0\;, \qquad (3.12)$$

mit der Dichte $\rho_{i,0}$ der Spezies i und der Temperatur T_0 unter Standardbedingungen. Gl. (3.12) stellt einen direkten Zusammenhang der Interferenzstreifenordung mit der Flammentemperatur her. Somit kann man jedem Interferenzstreifen eine Temperatur zuordnen, vorausgesetzt, dass der Standardzustand T_0 bekannt ist.
Werden die Einflüsse der Spezieszusammensetzung vernachlässigt und stattdessen Luft als Flammengaszusammensetzung angenommen ($\gamma_i = \gamma_\mathrm{Luft} = 1$), vereinfacht sich Gl. (3.12) zu

$$T_\mathrm{m}(r,x) = \cfrac{3/2\,\rho_{i,0}\,N_{i,0}\,T_0}{-\frac{\lambda}{\pi} \int\limits_{y=r}^{d/2} \frac{\left[\frac{\partial S(y,x)}{\partial y}\right]_x}{\sqrt{y^2-r^2}}\,\mathrm{d}y + n_\mathrm{u} - 1}\;. \qquad (3.13)$$

Es ist anzumerken, dass sich nur quasi-momentane Dichte- oder Temperaturfelder berechnen lassen, wenn die Zusammensetzung der Flammengase mit GC gemessen wird, da nur zeitlich-gemittelte Spezieskonzentrationen erhalten werden.

Kapitel 4

Experimentelles

4.1 Holographisches real-time Mach-Zehnder Interferometer

Die Interferogramme der Hexanflamme wurden mit einem holographischen Durchlicht-Interferometer nach dem Mach-Zehnder-Prinzip aufgezeichnet (Schieß, 1986). Das Wesentliche an diesem Interferometer ist, dass sich die durch das Flammenfeld deformierte Objektwelle hinter dem Hologramm mit der rekonstruierten Vergleichswelle überlagert und ein Interferogramm bildet, das jede momentane Veränderung des Verbrennungsvorgangs kontinuierlich wiedergibt. Die theoretischen Grundlagen der real-time Methode wurden bereits in Abschnitt 3.1 näher ausgeführt.

In Abb. 4.1 ist der Aufbau des Interferometers und der Strahlengang dargestellt. Mit einer neuartigen Abbildungsoptik können die sichtbare Flamme und das Interferogramm simultan und im gleichen Maßstab auf der Filmebene der Hochgeschwindigkeitskamera abgebildet werden. Im Folgenden wird näher auf den mechanischen Aufbau in Abschnitt 4.1.1 sowie auf den optischen Aufbau mit neuartiger Abbildungsoptik in Abschnitt 4.1.2 eingegangen.

4.1.1 Mechanischer Aufbau

Der mechanische Aufbau des Interferometers besteht aus einer Granitplatte, die auf fünf Luftfedersäulen schwingungsgedämpft gelagert ist. Für die Erzeugung eines hochauflösenden Interferogramms muss die gesamte Anordnung während der Aufnahme absolut in Ruhe sein. Eine Verschiebung der Interferenzstreifen um nur eine halbe Streifenbreite $\lambda/2$ würde es unmöglich machen, das aufgezeichnete Interferenzstreifenfeld als Hologramm zu verwenden oder die Vergleichswelle zu rekonstruieren, was zur Folge hat, dass die Qualität der optischen Komponenten und deren stabile und exakte Positionierung von besonderer

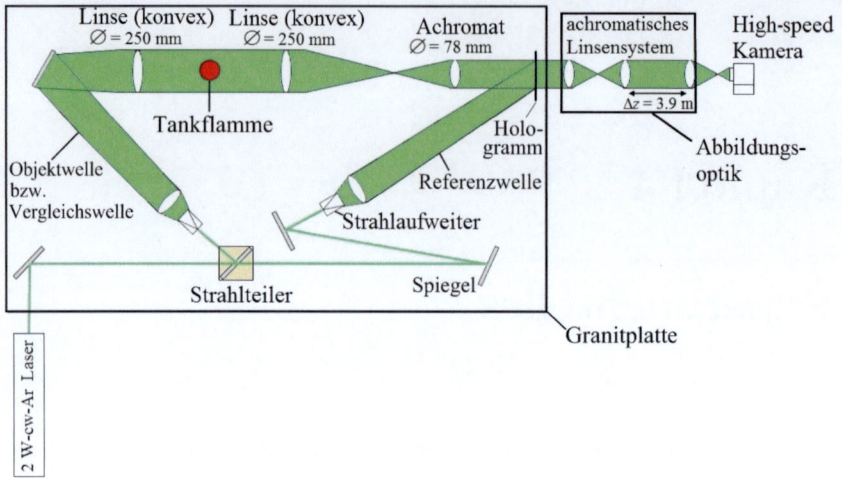

Abb. 4.1: Aufbau und optischer Strahlengang des holographischen Mach-Zehnder Durchlicht-Interferometers mit neuartiger Abbildungsoptik, nach (Schieß, 1986).

Bedeutung ist (Kasper, 1988). Die optischen Komponenten sind deshalb auf einer 1.3 t schweren Granitplatte mit den Abmessungen 3 m x 1.3 m x 0.12 m (Länge x Breite x Dicke) montiert, die gegen Schwingungsanregungen von außen so gut wie möglich isoliert ist. Durch die Lagerung dieser Granitplatte auf fünf pneumatischen Luftfedersäulen (Abb. 4.2) und durch getrennte Aufstellung von Laser, Tanksystem sowie Aufnahmeoptik mit Hochgeschwindigkeitskamera, konnte die Übertragung von Schwingungen, insbesondere der stets vorhandenen Gebäudeschwingungen, auf das Interferometer verhindert werden. Die große Masse des Tisches ist erforderlich, um die Resonanzfrequenz des Tisches möglichst weit herabzusetzen (ca. 1 Hz), so dass diese nicht mit der Resonanzfrequenz des Gebäudes zusammenfällt. Die Luftfeder-Schwingungsisolatoren mit Servo-Nivelliersystem (Abb. 4.3) sorgten dafür, dass die Horizontallage des Experimentiertisches nach Be- oder Entlastung (z. B. durch experimentelle Umbauten) wiederhergestellt wurde.

Eine Schwingungsübertragung vom Kühlwasserkreislauf des verwendeten Argon Lasers auf das Interferometer konnte dadurch verhindert werden, dass der Laser auf einem separaten Tisch aus Betonfertigteilen, die auf vier Polstern aus Airloc-Dämpfungsmaterial ruhen, aufgestellt wurde (s. Abb. 4.4).

Die optischen Bauteile waren mit verschiebbaren Reitern in schwerer Ausführung auf massiven Dreikantschienen, die mit der Granitplatte verschraubt waren, befestigt.

4.1. HOLOGRAPHISCHES REAL-TIME MACH-ZEHNDER INTERFEROMETER

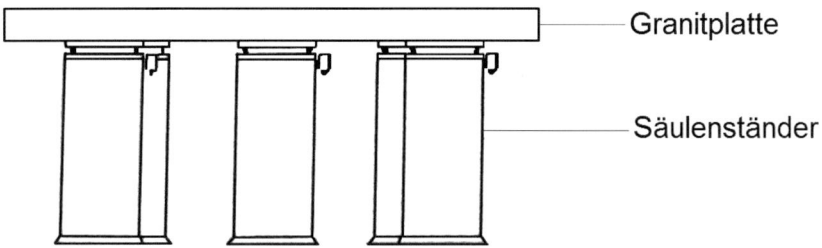

Abb. 4.2: Seitenansicht des schwingungsgedämpften Experimentiertisches mit fünf Säulenständern, nach (Bieller, 1988).

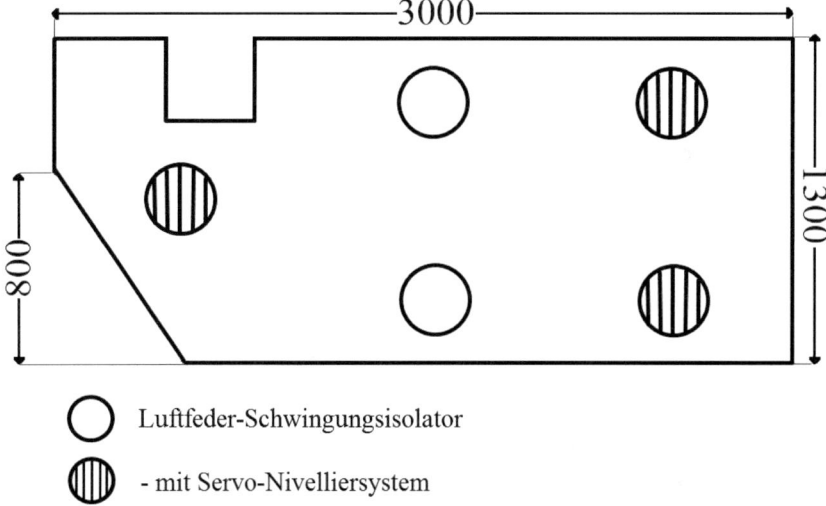

Abb. 4.3: Lagerung des Experimentiertisches auf fünf pneumatischen Luftfedersäulenständern (Draufsicht, Maße in mm), nach (Bieller, 1988).

4.1.2 Optischer Aufbau mit neuartiger Abbildungsoptik

In den Abbn. 4.4 und 4.5 sind die optischen Komponenten des Mach-Zehnder Interferometers dargestellt. Bei dem hier angewandten real-time Verfahren, das im Gegensatz zu anderen holographischen Methoden (z. B. Doppelbelichtungsverfahren) die kontinuierliche Beobachtung und Auswertung des momentanen Interferenzstreifenfeldes erlaubt, wird die Veränderung des Laserstrahls durch ein Phasenobjekt (z. B. Tankflamme) sichtbar gemacht.

Um die sehr schnellen Änderungen der dynamischen Strukturen der Tankflamme aufzeich-

1.) 2-W-Argon Laser
2.) Strahlteiler
3.) Umlenkspiegel
4.) Strahlaufweitung
5.) Blende
6.) 250 mm Planspiegel
7.) 250 mm Linse
8.) Untersuchungsbereich
9.) 78 mm Achromat
10.) Hologrammplatte
11.) Granitplatte
12.) Pneumatischer Schwingungsdämpfer

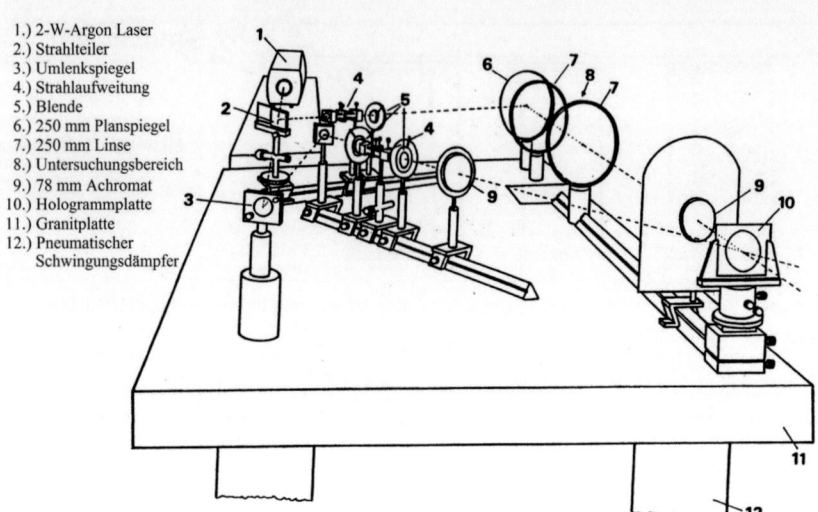

Abb. 4.4: Optischer Aufbau des holographischen Mach-Zehnder real-time Interferometers, nach (Kasper, 1988).

nen zu können, wurden diese mit einer 16 mm Hochgeschwindigkeitskamera aufgezeichnet. Als Filmmaterial wurden 16 mm Tageslichtfilme von Kodak (Ektachrom 7239) mit 23 DIN Empfindlichkeit verwendet. Die Belichtungszeit konnte zwischen 500 Bilder/s und 2000 Bilder/s variiert werden, bei einer Gesamtbeobachtungsdauer von ca. 4 s. Zur späteren Auswertung und zeitlichen Mittelung wurden ungefähr 4000 Interferogramme herangezogen. Als Lichtquelle diente ein kontinuierlicher 2 W Argon Laser mit einer Wellenlänge von $\lambda = 514.5$ nm, da dies die energiereichste Linie des Argonlasers ist. Der Laserstrahl wurde mit Hilfe eines halbdurchlässigen Spiegels in zwei Anteile, einen Objektstrahl sowie in einen Referenzstrahl, aufgeteilt (s. Abb. 4.1). Beide Teilstrahlen wurden anschließend mit einem Teleskop bis zu einem Durchmesser von 250 mm aufgeweitet und teils über Spiegel umgelenkt. Dabei war darauf zu achten, dass die optischen Wege von beiden Teilstrahlen annähernd gleich sind. Das Hologramm (Holotest 10E56, Agfa-Gevaert) wird durch Interferenz der Vergleichswelle, d. h. die Objektwelle durchläuft nur Luft unter definierten Bedingungen (Druck, Temperatur) und des Referenzstrahls unter einem Winkel von 35° in der Hologrammebene aufgezeichnet. Die Auflösung des Hologramms beträgt ca. 2000 Linien/mm. Anschließend wird das Hologramm nach dem Entwicklungs- und Bleichprozess exakt an seinen ursprünglichen Ort zurückpositioniert, so dass die Vergleichswelle mit Hilfe der Referenzwelle freigesetzt und rekonstruiert werden kann. Die holographische real-time Interferometrie beruht darauf, die rekonstruierte Vergleichswelle, mit der sich ab jetzt beliebig verändernden momentanen Objektwelle, zu überlagern. Erzeugt man in der Messstrecke beispielsweise durch eine Tankflamme ein Temperaturfeld, so werden die

4.1. HOLOGRAPHISCHES REAL-TIME MACH-ZEHNDER INTERFEROMETER   45

Abb. 4.5: Holographisches Mach-Zehnder real-time Interferometer während eines laufenden Experiments.

ebenen Wellenfronten deformiert und interferieren hinter dem Hologramm mit der Vergleichswelle. Dieses Interferenzstreifenmuster (Interferogramm) kann dann kontinuierlich beobachtet und zur Auswertung auf einer Filmschicht aufgezeichnet werden. Die Holographie ist also ein Zweistufen-Verfahren, bestehend aus Aufnahme und Wiedergabe einer ebenen Wellenfront.

Um die Aussagekraft der interferometrischen Strukturen, wie z. B. thermische Grenzschicht, axiale und radiale Dichteballen zu untersuchen (s. Abb. 3.1), ist die simultane Aufnahme von sichtbarer Flamme und zugehörigem Interferenzstreifenfeld wünschenswert. Mit einer neuartigen Abbildungsoptik (Abb. 4.6) konnte die sichtbare Flamme und das Interferogramm zur gleichen Zeit und im selben Maßstab aufgezeichnet werden. Zur Aufzeichnung solcher Interferogramme wurde das Objektiv der Hochgeschwindigkeitskamera durch ein Linsensystem (Achromat) ersetzt, wodurch die sichtbare Flamme und das Interferogramm simultan auf der Filmschicht der Kamera aufgezeichnet werden konnten. Bei der Auswertung des Filmmaterials war somit eine eindeutige Zuordnung von sichtbarer Flamme und Interferogramm möglich. Um den richtigen Kontrast zwischen beiden Abbildungen zu erhalten, konnte das Intensitätsverhältnis der beiden Teilstrahlen sowohl durch Verschieben des Strahlteilers als auch durch in den Strahlengang eingebaute Graufilter variiert werden.

Im Anhang A sind weitere Details des experimentellen Aufbaus mit den verwendeten optischen Komponenten zu finden.

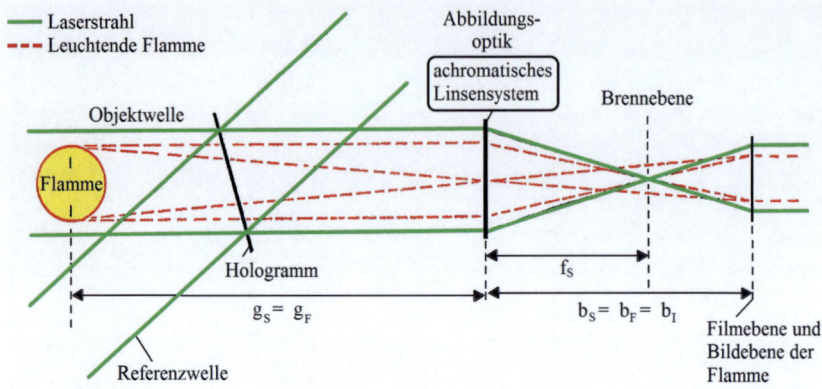

Abb. 4.6: Neuartige Abbildungsoptik zur simultanen Aufzeichnung von Interferogramm und sichtbarer Flamme, nach (Lucas, 1981).

4.2 Gaschromatographische Untersuchungen

Um die Flammentemperaturen so genau wie möglich mit der HI zu ermitteln, müssen die Spezieskonzentrationen der stabilen Spezies bekannt sein. Daher wurden die zeitlich-gemittelten Spezieskonzentration der Flammengase mit einem Tieftemperatur-Gaschromatographie-System (GC) gemessen (s. Abb. 4.7). Dieses besteht aus dem Brennstofftank, der Absaugsonde mit dem Rußfilter, dem Gaschromatographen (F22, Perkin Elmer) und einem Auswertesystem, das die Eichfaktoren zur Konzentrationsberechnung berücksichtigt. Zur Eichung der im Flammengasgemisch enthaltenen Komponenten wurden vorgefertigte Eichgase mit höchster Reinheit verwendet. Ein Niveauregler in der Brennstoffversorgung ermöglicht es, das Brennstoffniveau während der Messung konstant zu halten. Die Absaugsonde kann mit Hilfe eines Koordinatengerätes stufenlos in alle drei Raumrichtungen justiert werden. Die Absaugsonde, der Rußfilter, die Leitung zum Gaseinlassteil sowie dieses selbst, sind zur Vermeidung von Kondensationseffekten beheizt. Eine Vakuumpumpe erzeugt den zur Absaugung der Flammengase notwendigen Unterdruck.

Die zeitlich-gemittelten stabilen Spezieskonzentrationen mit einer mittleren Konzentration von $\tilde{\gamma}_i \geq$ 0.05 Vol. % lassen sich mit dem GC-System erfassen. Es wurden bis zu 18 gasförmige Spezies, deren Gesamtkonzentration $\geq$ 99.5 Vol. % beträgt, gefunden. Die 9 Hauptspezies ($C_6H_{14}, O_2, N_2, CO_2, H_2O, CO, CH_4, C_2H_4, H_2$) hatten eine Gesamtkonzentration von 95.5 Vol. % und die 9 Nebenspezies (Ar, $C_2H_6, C_2H_2, C_3H_8, C_4H_6, C_4H_{10}, C_4H_8, C_5H_{12}, C_6H_6$) eine Gesamtkonzentration von 4 Vol. %. Flammengasproben wurden entlang der Flammenachse sowie in radialer Richtung in einem Höhenbereich über dem Tankrand von 20 mm $\leq x \leq$ 300 mm genommen. Radikale und instabile Spezies wie z. B. CH, OH,

O, OH und N blieben aufgrund ihrer geringen Spezieskonzentrationen unberücksichtigt, 0.1 Vol. % $\leq \tilde{\gamma}_i \leq$ 0.4 Vol. %, wie mit CFD Simulationen und LIF Messungen gezeigt wurde (Smooke et al., 1992).

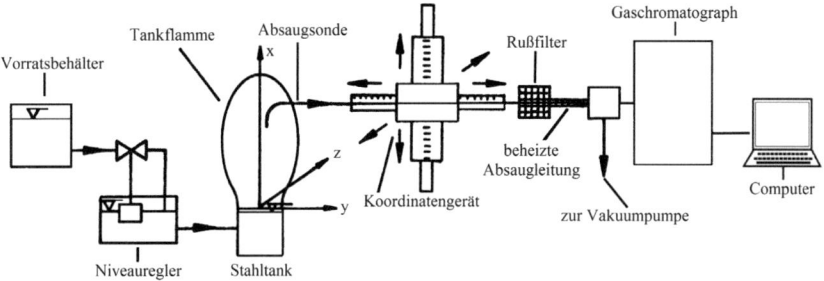

Abb. 4.7: Experimentelles GC-System zur Messung der stabilen Spezieskonzentrationen, nach (Walcher, 1982; Schönbucher et al., 1978).

4.3 Thermoelement Messungen der Flammentemperaturen

Zur Messung der Flammentemperaturen in der Hexanflamme wurden Platin-Rhodium/ Platin Thermoelemente mit unterschiedlichen Draht- und Perlendurchmessern verwendet. Um eine möglichst geringe Ansprechzeit der Thermoelemente von $\Delta t = 0.8$ s zu erreichen, wurden sehr dünne Drahtdurchmesser von 0.1 mm und Perlendurchmesser von 0.3 mm verwendet (Dorn, 1976). Die katalytischen Einflüsse der Pt-Rh/Pt Thermoelemente in der Flamme wurden durch eine SiO_2-Schutzummantelung minimiert. Des Weiteren wurden die Thermoelementdrähte von einem Keramikrohr mit einem Außendurchmesser von 1.5 mm umhüllt. Die Thermoelemente wurden anhand von Eichkurven kalibriert.
Es wurden Flammentemperaturen entlang der Flammenachse in Abständen von jeweils $\Delta x = 20$ mm über die gesamte Flammenhöhe gemessen (Dorn, 1976). Auf die gleiche Weise wurden Flammentemperaturen in radialen Abständen zur Flammenachse von Δr = 5 mm, 7.5 mm, 10 mm, 12.5 mm, 15 mm, 17.5 mm, 20 mm, 25 mm und 30 mm ebenfalls über die gesamte Flammenhöhe gemessen (Dorn, 1976).
Bei den Thermoelement Messungen war darauf zu achten, dass die Flamme senkrecht brannte und nicht durch Luftbewegungen im Raum gestört wurde. Um die Flamme aerodynamisch zu stabilisieren, also über eine längere Zeit senkrecht und ungestört brennen zu lassen, wurden vier Eternitplatten im Abstand von einem Meter zur Flammenachse um die Flamme gebaut und die Flamme beobachtet.
Um einen möglichen Einfluss der Rußbedeckungen der Thermodrähte und -perlen auf die Flammentemperaturen zu untersuchen, wurden in einer separaten Messreihe die Draht-

und Perlendurchmesser variiert und die Zeitkonstanten ermittelt.

Eine Korrekturrechnung für die Wärmeverluste am Thermoelement durch thermische Strahlung und Wärmeleitung wurde für die Ermittlung der *wahren* Flammentemperaturen in Abschnitt 6.9.2 durchgeführt.

4.4 Apparaturen zur Aufzeichnung und Digitalisierung von Interferogrammen

Um die real-time Interferogramme der Hexanflamme aufzeichnen zu können, wurden diese mit einer 16 mm Hochgeschwindigkeits-Rotationsprismenkamera (Hycam) gefilmt. Mit dieser Kamera wurden Filme von 30 m und 100 m Länge mit 1000 bis 2000 Bildern/s belichtet. Bei einem 30 m Film mit 1000 Bildern/s betrug die Gesamtbeobachtungsdauer etwa 4 s. Dies entspricht einer zeitlichen Auflösung von $\Delta t = 1/2500$ s.

Das Kameraobjektiv erwies sich zur simultanen Abbildung von sichtbarer Flamme und Interferogramm bei einem aufgeweiteten Strahldurchmesser von $\varnothing = 78$ mm unbrauchbar und wurde durch ein achromatisches Linsensystem mit einer Brennweite von 310 mm und einem Durchmesser von $\varnothing = 78$ mm ersetzt (s. Abb. 4.1). Aufgrund des großen Öffnungsverhältnisses ist dieser Achromat sehr lichtstark und unterstützt daher die kurzen Belichtungszeiten der Hochgeschwindigkeitsfilme im Millisekundenbereich.

Der erweiterte Untersuchungsfeld-Durchmesser von $\varnothing = 250$ mm bedingt, zusammen mit der simultanen Abbildung von Flamme und Interferogramm auf 16 mm Filmformat benötigten Optik, einen sehr genau einzustellenden Schärfebereich.

Die Scharfeinstellung erfolgte durch einen speziellen Mikroskopsucher an der Hochgeschwindigkeitskamera. Hierzu wurde die Filmbühne gegen eine Mattenscheibenbühne mit Fadenkreuz ausgetauscht und der Mikroskopsucher auf dieses Fadenkreuz in die spätere Filmebene eingestellt. Mit dieser Mattscheibenbühne ist auch die direkte Beobachtung des Laserlicht-Interferenzstreifenfeldes in der Filmebene mit bloßem Auge möglich. Anschließend wurde wieder die normale Filmbühne eingebaut und das Bild im Mikroskopsucher durch Verschieben der auf einem Einstelltisch mit Mikrometereinstellung montierten Achromaten der neuartigen Abbildungsoptik in Strahlrichtung scharfgestellt. Als leuchtendes Testobjekt in der späteren Flammenachse bewährte sich eine kleine, auf dem abgedeckten Tank positionierte Kerzenflamme, deren Docht die Scharfstellung zusätzlich erleichterte (Kasper, 1988).

Als Filmmaterial wurden 16 mm Tageslichtfilme von Kodak (Ektachrom 7239) mit 23 DIN Empfindlichkeit verwendet.

Um die Interferogramme in einem weiteren Bearbeitungsprozess mit der entsprechenden Software (Matlab$^{©}$) auswerten zu können, erfolgte die Digitalisierung der 16 mm Filmen durch ein Filmabtastungssystem (Telecine Thomson Shadow HD) mit einer Abtastrate von 10 Bildern/s.

Der Modelltank wurde im Strahlengang so positioniert, dass der aufgeweitete Laserstrahl die Flamme im Bereich von $0 < x < 240$ mm über dem Tankrand durchstrahlte, d. h. der Tankrand als Bezugspunkt gerade noch zu sehen war. Deckend mit der Tankrandmitte wurde vor dem Objekt eine senkrechte, im Abstand von je 20 mm unterteilte Skala angebracht, um bei der digitalen Auswertung der Interferogramme die Koordinaten besser erfassen zu können (Kasper, 1988).

Um einen längeren Zeitraum, insbesondere die gesamte Einbrennphase vom Zünden bis zur konstanten Abbrandgeschwindigkeit beobachten zu können, wurden 120 m Filme mit 100 Bildern/s, entsprechend einer Beobachtungsdauer von ca. 3 min, belichtet. Allerdings erwies sich die Bewegungsunschärfe der aufgezeichneten Interferogramme bei den durch einen rotierenden Shutter der Hochgeschwindigkeitskamera bestimmten Belichtungszeiten als zu groß. Auch die Geschwindigkeitsregelung der Hochgeschwindigkeitskamera funktionierte bei dieser sehr langsamen Aufnahmegeschwindigkeit nur unbefriedigend. Es wurden daher, neben 25 verschiedenen 30 m Hochgeschwindigkeitsfilmen zu unterschiedlichen Zeiten nach der Zündung, auch parallel Videoaufnahmen von den VIS-Strahldichtestrukturen der Hexanflamme gemacht (Kasper, 1988).

4.5 Labortank und Brennstoff

Als Modelltank wurde ein zylindrisches Stahlgefäß mit einem Außendurchmesser von 50 mm, einer Wandstärke von 2 mm und einer Höhe von 50 mm verwendet. Ein direkt über dem Tankboden angeschweißter Stutzen ermöglichte die kontinuierliche Brennstoffversorgung aus einem Vorratsbehälter mit flüssigem n-Hexan, welches von technischer Qualität war, mittels eines lösungsmittelfesten und unbrennbaren Kraftstoffschlauchs. Die Volumenstrommessung erfolgte durch ein in die Versorgungsleitung geschaltetes Rotameter. Das Brennstoffniveau blieb während der Hochgeschwindigkeitsfilmaufnahmen konstant auf dem eingestellten Niveau, welches zwischen 1 mm und 15 mm unter dem Tankrand variiert werden konnte.

Nach einer Einbrenndauer von ca. 5 min blieb das Brennstoffniveau 1 mm unterhalb des Tankrands konstant. Von nun an brannte die Flamme stationär und es konnte mit der Aufzeichnung der Interferogramme begonnen werden. Der Brennstofftank wurde zeitlich nacheinander so angeordnet, dass die von der Flamme durchstrahlte Objektwelle das ganze Flammenfeld erfasst.

Zusätzlich wurde am Tankboden die Tankwandtemperatur mit einem Thermoelement gemessen, um ein direktes Aufheizen des Thermoelements infolge der Wärmerückstrahlung von der Flamme zu verhindern.

Kapitel 5

CFD Simulation von Verbrennungsvorgängen

5.1 Erhaltungsgleichungen

In diesem Kapitel werden die Erhaltungsgleichungen der Strömungsmechanik, die die Strömung von Fluiden beschreiben, dargestellt. Ziel der Beschreibung ist es, die Erhaltungsgleichungen so zu formulieren, dass diese auf verschiedene Strömungsarten (z.b. reaktive und nicht-reaktive Strömungen) angewandt werden können. Im Allgemeinen lassen sich die Erhaltungsgleichungen in integraler Form oder einfacher in differentieller Form (Lagrange'scher Form) für die extensiven Größen wie Gesamtmasse, Impuls, Energie sowie die Bilanzgleichungen der Speziesmassen für ein Kontrollvolumen formulieren. Die Erhaltungsgleichungen bilden ein gekoppeltes System partieller Differentialgleichungen, das kompressible und reibungsbehaftete Strömungen vollständig beschreibt. Bei reaktiven Strömungen wird zusätzlich angenommen, dass sich das Fluid aus einer beliebigen Anzahl von Spezies zusammensetzt und chemischen Reaktionen unterliegt. Die grundlegenden Erhaltungsprinzipien und Gesetze, die zur Herleitung dieser Gleichungen verwendet wurden, werden hier nur kurz zusammengefasst. Ausführlichere Beschreibungen und weiterführende Literatur sind in einer Reihe von Standardwerken zur Strömungsmechanik zu finden z.B. (Oertel, 2008; Durst, 2006; Spurk & Aksel, 2007).

5.1.1 Erhaltung der Gesamtmasse

In einem abgeschlossenen System kann die Masse weder vernichtet noch erzeugt werden und ist daher als konstant zu betrachten, d. h. ein System für dessen Gesamtmasse $m =$ konst. gilt.
Ausgehend von einem ortsfesten Volumenelement dV lässt sich über eine differentielle

Beziehung die Erhaltungsgleichung für die Gesamtmasse des Systems m, gegeben durch die entsprechende Massendichte ρ, herleiten. Lässt man das Kontrollvolumen unendlich klein werden $dV \to 0$, kommt man zu dem differentiellen Ausdruck

$$\frac{\partial \rho}{\partial t} + \nabla(\rho \vec{u}) = 0. \tag{5.1}$$

Der Nabla-Operator kann für jedes Koordinatensystem formuliert werden und lautet beispielsweise in kartesischen Koordinaten

$$\frac{\partial \rho}{\partial t} + \frac{\partial(\rho u_i)}{\partial x_i} = \frac{\partial \rho}{\partial t} + \frac{\partial(\rho u_x)}{\partial x} + \frac{\partial(\rho u_y)}{\partial y} + \frac{\partial(\rho u_z)}{\partial z} = 0, \tag{5.2}$$

wobei x_i ($i = 1, 2, 3$) oder x, y, z die kartesischen Koordinaten und u_i oder u_x, u_y, u_z die Komponenten des Geschwindigkeitsvektors $\vec{u}$ sind. Gl. (5.1) und (5.2) werden üblicherweise als Massenerhaltungsgleichung oder Kontinuitätsgleichung bezeichnet.

5.1.2 Erhaltung der Speziesmassen

Zusätzlich zur Gesamtmassenerhaltung müssen bei der Beschreibung von reaktiven Strömungen (z. B. Flammen) noch die Bilanzgleichungen der Speziesmassen berücksichtigt werden. Um eine Aussage über die Zusammensetzung des Flammengasgemisches zu erhalten, müssen die Bilanzgleichungen der Einzelspezies gelöst werden. Unter der vereinfachten Annahme eines mittleren Diffusionskoeffizienten D für alle Spezies, ergibt sich für die Erhaltungsgleichung des Massenanteils γ_i der Spezies i

$$\frac{\partial(\rho \, \gamma_i)}{\partial t} + \nabla(\rho \, \gamma_i \, \vec{u}) = \nabla(\rho \, D \, \nabla \gamma_i) + U_i \, . \tag{5.3}$$

Die Terme auf der linken Seite beschreiben den Akkumulationsterm und den Konvektionsterm. Der erste Term auf der rechten Seite quantifiziert nach dem Fick'schen Gesetz die molekulare Diffusion der Spezies i als proportional zu ihrem Konzentrationsgradienten. Dabei wird oft ein einheitlicher Diffusionskoeffizient D angenommen, was annähernd für verdünnte Gasgemische zulässig ist (Warnatz et al., 2001). Da durch chemische Reaktion Spezies ineinander umgewandelt werden, erhält man einen zusätzlichen chemischen Quell- oder Senkenterm U_i (letzter Term auf der rechten Seite), welcher sich aus dem Produkt der molaren Masse $\tilde{M}_i$ der Spezies i und deren Bildungsgeschwindigkeit ergibt.

5.1.3 Erhaltung des Impulses

Ausgangspunkt zur Beschreibung des Impulses sind die *Navier-Stokes*-Gleichungen. Diese beschreiben die grundlegenden physikalischen Prinzipien der Impulserhaltung.[1] Die Formulierung der Impulsgleichung basiert auf der Berücksichtigung aller wirkenden Kräfte, d. h. die Wechselwirkungen zwischen den verschiedenen Fluiden sowie dem Impulsaustausch der einzelnen Spezies untereinander. Für $dV \to 0$ lautet die Impulsgleichung in differentieller und konservativer Form

$$\frac{\partial(\rho\,\vec{u})}{\partial t} + \nabla(\rho\,\vec{u}\,\vec{u}) = -\nabla p + \nabla \tau + \rho\,g \; . \tag{5.4}$$

Die linke Seite der Gleichung beschreibt die zeitliche Änderung des Impulses innerhalb des Volumens dV und den konvektiven Transport mit der lokalen Strömungsgeschwindigkeit $\vec{u}$. Der Impuls ist dabei eine Vektorgröße mit den drei Geschwindigkeitskomponenten u_x, u_y, u_z. Der letzte Term auf der rechten Seite berücksichtigt die Schwerkraft $\rho\,g$ mit der Gravitationskonstanten g. Die ersten beiden Terme der rechten Seite berechnen sich aus dem Druckgradienten ∇p und der Divergenz des viskosen Spannungstensors τ. Der viskose Spannungstensor repräsentiert den molekularen Impulstransport aufgrund von Viskosität. Für ein Newtonsches Fluid[2] gilt

$$\tau = \eta\left[\nabla\vec{u} + (\nabla\vec{u})^T\right] + \eta_2\,\nabla(\vec{u}\bar{\bar{E}}) . \tag{5.5}$$

$\bar{\bar{E}}$ entspricht dem Einheitstensor. Der stoffspezifische Proportionalitätsfaktor η wird als dynamische Viskosität bezeichnet. Er beschreibt die Beziehung zwischen Spannung und linearer Deformation. Die dynamische Viskosität η ist temperaturabhängig ($\eta \sim \sqrt{T}$), während der Druckeinfluss vernachlässigbar ist (Warnatz *et al.*, 2001). Die *Sutherland-Formel* definiert für laminare Strömungen η als

$$\eta = \frac{A_1\,T^{3/2}}{T + A_2} \; , \tag{5.6}$$

mit A_1 und A_2 als stoffspezifische Modellkonstanten. Der zweite Term in Gl. (5.5) ist nur für kompressible Strömungen von Bedeutung, da für die Dichteinvarianz $\nabla \vec{u} = 0$ gilt. Unter Vernachlässigung der Volumenviskosität wird der Viskositätskoeffizient η_2 für Gase häufig nach der *Stokes'schen Hypothese* als Funktion der dynamischen Viskosität ausgedrückt (Schlichting & Gersten, 2006)

---
[1] Ursprünglich wurden die drei Komponenten der Impulsgleichung als Navier-Stokes-Gleichungen bezeichnet. Mittlerweile hat sich jedoch im Bereich der CFD Simulationen eingebürgert, die Kontinuitätsgleichung plus Impulsgleichung als Navier-Stokes-Gleichungen zu bezeichnen.
[2] Bei Newtonschen Fluiden wird die Viskosität als unabhängig von den Schergeschwindigkeiten angenommen. Es besteht daher ein linearer Zusammenhang zwischen der Schubspannung und der Schergeschwindigkeit.

$$\eta_2 = -\frac{2}{3}\,\eta\;. \tag{5.7}$$

Für inkompressible Strömungen (ρ = konst: $\rightarrow$ $\nabla \vec{u} = 0$) liegen vier Gleichungen für vier Unbekannte (u_x, u_y, u_z, p) vor, so dass das Gleichungssystem bei Kenntnis der Quell- und Senkenterme bestimmt und lösbar ist.
In Strömungen mit veränderlicher Dichte, wie es bei reaktiven Strömungen der Fall ist, kann man den Term $\rho\,g$ in Gl. (5.4) in zwei Terme zerlegen, $\rho_0\,g + (\rho - \rho_0)g$, in dem ρ_0 eine Referenzdichte ist. Der erste Teil kann dann in den Druck einbezogen werden und wenn die Dichteänderung nur noch im Schwerkraftsterm beibehalten wird, erhält man die sog. *Boussinesq*-Approximation, die bei auftriebsbestimmten Flammen mit guter Näherung angewandt werden kann

$$(\rho - \rho_0)g = -\rho_0\,g\,\beta(T - T_0)\;, \tag{5.8}$$

mit β als Koeffizient für die thermischen Ausdehnung und T_0 als Referenztemperatur (z. B. $T_0 = T_u = 298$ K).

5.1.4 Erhaltung der Energie

Als dritte fundamentale physikalische Erhaltungsgröße wird die spezifische innere Energie e eingeführt. Das physikalische Prinzip, welches dabei zur Anwendung kommt, ist der 1. Hauptsatz der Thermodynamik, der die zeitliche Änderung der inneren Energie als Summe aus Wärmestrom und Arbeit durch Oberflächen- und Volumenkräfte pro Zeiteinheit beschreibt. Für die Erhaltungsgleichung der spezifischen thermischen inneren Energie e_{th} gilt

$$\frac{\partial(\rho\,e_{\text{th}})}{\partial t} + \nabla\cdot(\rho\,\vec{u}\,e_{\text{th}}) = -p\,\nabla\vec{u} - \nabla J + Q_{\text{s}}\;. \tag{5.9}$$

Eine bei Verbrennungsprozessen häufig benutzte Energiegröße ist die Enthalpie. Sie korreliert direkt mit der inneren Energie über

$$h = e + \frac{p}{\rho}\;. \tag{5.10}$$

Durch Kombination von Gl. (5.9) und (5.10) führt dies zur Erhaltungsgleichung für die spezifische thermische Enthalpie

$$\frac{\partial(\rho\,h_{\text{th}})}{\partial t} + \nabla\cdot(\rho\,\vec{u}\,h_{\text{th}}) = \frac{\partial p}{\partial t} - \nabla J + Q_{\text{s}}\;. \tag{5.11}$$

5.1. ERHALTUNGSGLEICHUNGEN

Die linke Seite der Gl. (5.9) und (5.11) repräsentiert die zeitliche Änderung und die Konvektion von Energie. Die Terme auf der rechten Seite beschreiben für die innere Energie die Volumenänderungsarbeit und für die Enthalpie einen Kompressionsterm. Die Änderungen der inneren Energie durch Reibungskräfte können nach (Libby & Williams, 1980) für Strömungen mit niedrigen Machzahlen vernachlässigt werden. Ebenfalls kann der Druckterm $\partial p/\partial t$ bei auftriebsbestimmten Flammen vernachlässigt werden. Die Wärmestromdichte J beschreibt die Zu- und Abfuhr von thermischer Energie über die Kontrollvolumenoberfläche. Dies kann sowohl durch einen Wärmestrom infolge lokaler Wärmeleitung oder Konzentrationsgradienten (Dufour-Effekt) als auch durch diffusiven Massentransport aufgrund von Konzentrations- (Ficksche Diffusion), Temperatur- (Soret-Effekt) und Druckgradienten (Druckdiffusion) erfolgen. Neben dem Soret-Effekt und der Druckdiffusion kann bei Verbrennungsprozessen auch der Dufour-Effekt in der Regel vernachlässigt werden (Warnatz et al., 2001), so dass sich die resultierende Wärmestromdichte aus den Anteilen der Wärmeleitung nach Fourier und der Enthalpiediffusion nach Fick zusammensetzt

$$J = -\lambda_\mathrm{L}\, \nabla T - \rho\, D \sum_i h_i\, \nabla \gamma_i\ . \tag{5.12}$$

h_i entspricht der spezifischen totalen Enthalpie der Spezies i mit dem Massenanteil γ_i. Die Proportionalitätsfaktoren λ_L und D sind der Wärmeleit- bzw. der Diffusionskoeffizient. Der letzte Term in Gl. (5.9) und (5.11) repräsentiert den Wärmeproduktionsterm infolge Strahlung Q_s, welcher ausführlich für autriebsbestimmte, nicht-vorgemischte Flammen in (Schönbucher, 2008) diskutiert wird.

Durch die kalorischen Zustandsgleichungen können die massenspezifischen Energien als Funktionen der Zustandsgrößen ausgedrückt werden. Für ein kalorisch ideales Gasgemisch ist die innere Energie und damit auch die Enthalpie nur von der Temperatur und der Flammengaszusammensetzung abhängig. Die Energiegrößen können dann leicht mit Hilfe der stoffspezifischen Wärmekapazitäten $c_{\mathrm{v},i}$ und $c_{p,i}$ berechnet werden

$$e = \sum_i \gamma_i \int_{T_0}^{T} c_{\mathrm{v},i}(T)\, \mathrm{d}T\ , \tag{5.13}$$

bzw.

$$h = \sum_i \gamma_i \int_{T_0}^{T} c_{p,i}(T)\, \mathrm{d}T\ . \tag{5.14}$$

Für ideale Gase korrelieren Druck, Temperatur und Dichte über die thermische Zustandsgleichung, die für ein ideales Gasgemisch lautet

$$p = \rho\, R_0\, T\ . \tag{5.15}$$

Die spezifische Gaskonstante des Gemisches $\Re$ berechnet sich aus dem Quotienten der universellen Gaskonstante R_0 und der mittleren molaren Masse $\tilde{M}$

$$\Re = \frac{R_0}{\tilde{M}} \ . \tag{5.16}$$

Zudem ergibt sich R_0 aus der Differenz der spezifischen Wärmekapazitäten

$$R_0 = c_p - c_v \ . \tag{5.17}$$

Die *Navier-Stokes*-Gleichungen zusammen mit den Spezies-Transportgleichungen und den mathematischen Formulierungen der Gesetzmäßigkeiten aus der Thermodynamik bilden jetzt ein geschlossen lösbares Gleichungssystem für reaktive Strömungen.
Bei der Bilanzierung der Energie-Erhaltungsgleichung muss zwischen totaler, thermischer und chemischer Energie unterschieden werden. Aufgrund der Additivität von Energien gilt für die totale innere Energie eines idealen Gasgemisches

$$e_{\text{tot}} = \underbrace{\sum_i \gamma_i \, \Delta h_{i,0}}_{chemischeEnergie} + \underbrace{\sum_i \gamma_i \int_{T_0}^T c_v(T) \, \mathrm{d}T}_{thermischeEnergie} \ . \tag{5.18}$$

$\Delta h_{i,0}$ repräsentiert für den thermodynamischen Referenzzustand T_0 und p_0 die Standardbildungs-Enthalpie der Spezies i. Sie beschreibt die Reaktionsenthalpie bei der Bildungsreaktion der Spezies i aus den Elementen. Für die Bilanzierung der totalen Energiegrößen gilt der Energieerhaltungssatz, daher entfällt in den Gln. (5.9) und (5.11) der chemische Quellterm U.

5.2 Submodelle

5.2.1 Turbulenzmodelle

Um reaktive Strömungen mit der numerischen Simulation zu beschreiben, existieren drei verschiedene Ansätze. Die direkte numerische Simulation (DNS), die Large-Eddy Simulation (LES) und die *R*eynolds-*A*veraged *N*avier-*S*tokes-Gleichungen (RANS).
Das beste Verfahren mit dem höchsten Maß an Genauigkeit bietet die DNS. Hier werden alle turbulenten Skalen durch das Rechengitter örtlich und zeitlich aufgelöst. Somit werden alle Effekte (auch die Turbulenz) erfasst und es ist keine Modellierung notwendig. Allerdings ist für diese Art der Berechnung der Rechenaufwand extrem zeitintensiv und nur sehr eingeschränkt auf turbulente reaktive Strömungen anwendbar.
Ein etwas weniger zeitintensives Rechenverfahren ist die LES. Hier werden die großen

5.2. SUBMODELLE

Skalen (energietragenden Wirbel) direkt berechnet, wobei die kleinsten Skalen nicht mehr durch das Rechengitter aufgelöst werden und einer Modellierung bedürfen. Es kann daher mit einer gröberen Auflösung und somit mit weniger Gitterpunkten gerechnet werden. Die Effekte der kleinen dissipativen Wirbel müssen mit einem geeigneten Turbulenzmodell (z. B. k-ϵ Modell) modelliert werden. Der Modellierungsgrad einer LES ist gering im Vergleich zur RANS-Turbulenzmodellierung, jedoch ist der Rechenaufwand (CPU Zeit) deutlich erhöht.

In der RANS-Turbulenzmodellierung werden durch statistische Mittelung alle turbulenten Skalen heraus gemittelt. Die Turbulenz muss daher komplett modelliert werden. Dies führt zu zahlreichen und wesentlich komplexeren Turbulenzmodellen. Dabei existiert bis heute kein universelles Turbulenzmodell, sondern es muss dem zu lösenden Strömungsproblem angepasst werden. Die Korrelationen und Konstanten, die diesen Modellen zugrunde liegen, müssen weitgehend aus Experimenten ermittelt werden.

Einen Vergleich zwischen Modellierungsgrad und Rechenaufwand der verschiedenen Ansätze ist in Abb. 5.1 dargestellt.

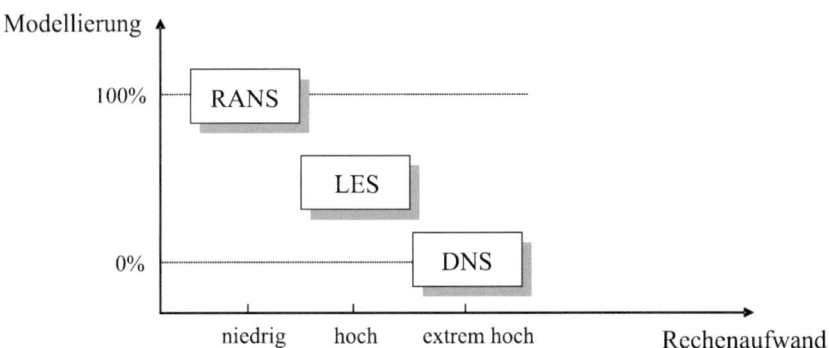

Abb. 5.1: Vergleich des Rechenaufwands der einzelnen Modellierungsansätze.

Der Unterschied dieser Ansätze wird in den errechneten Geschwindigkeiten deutlich. Abb. 5.2 zeigt Geschwindigkeitsverläufe einer DNS, LES und einer RANS-Berechnung. Das Signal ist durch große Fluktuationen der Strömungsgeschwindigkeit u_i gekennzeichnet. Während bei der DNS auch kleinste Schwankungen sichtbar sind, weist der Verlauf der LES nur noch die gröberen Schwankungen auf. In der RANS Modellierungen werden keine Schwankungen aufgelöst. Es wird nur ein zeitlicher Mittelwert erhalten.

Des Weiteren gibt es Mischformen dieser Ansätze sog. Hybridverfahren, auf die hier nicht weiter eingegangen und stattdessen auf die Literatur verwiesen wird (Wendt, 2009; Durst, 2006). Im Folgenden werden die drei Ansätze der Modellierungstechniken näher erläutert.

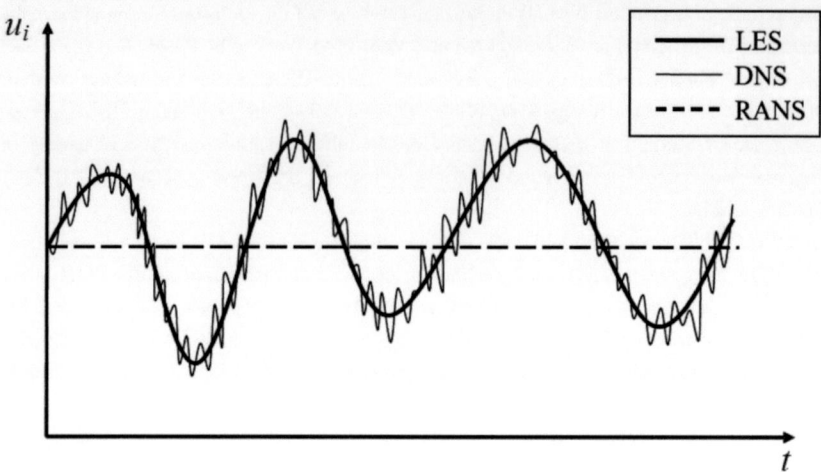

Abb. 5.2: Vergleich der Geschwindigkeitssignale der Modellierungsansätze.

5.2.1.1 Reynolds-gemittelte Navier-Stokes-Gleichungen (RANS)

Die Geschwindigkeitskomponenten u_i ($i = x, y, z$) und der Druck p_i sind in turbulenten Strömungen chaotisch verteilt, während die zeitlich-gemittelte Strömung dagegen ein stabiles Verhalten zeigt, das sich in Form von Differentialgleichungen für die zeitlichen Mittelwerte definieren und lösen lässt. Bei turbulenten Strömungen ist man oftmals nicht an der exakten zeitlichen Erfassung fluktuierender Anteile interessiert, sondern an einer guten, möglicherweise auch zeitgenauen Wiedergabe zeitlich- und örtlich-gemittelter Größen. Hierbei lassen sich die Feldgrößen, wie z. B. Geschwindigkeit und Druck, in einen zeitlichen Mittelwert ($\bar{\ }$) und dessen Schwankungsgröße $()'$ (Reynolds-Zerlegung) zerlegen. Diese Aufteilung bringt für die Modellierung turbulenter Strömungen Vorteile mit sich, wie später noch gezeigt wird. Die Aufteilung in zeitlichen Mittelwert und Schwankungsgröße lässt sich wie folgt formulieren

$$u_i = \bar{u}_i + u_i', \qquad p_i = \bar{p}_i + p_i', \tag{5.19}$$

wobei der Mittelwert als Ensemble-Mittelwert definiert ist

$$\frac{\partial \bar{u}_i}{\partial t} + \frac{\partial (\bar{u}_i \bar{u}_j)}{\partial x_j} = \frac{\partial \bar{P}}{\partial x_i} + \frac{\partial}{\partial x_j}(2 \nu \, \overline{S}_{i,j}) + F_i - \frac{\partial (\overline{u_i' u_j'})}{\partial x_j}, \tag{5.20}$$

mit

5.2. SUBMODELLE

$$\overline{S}_{i,j} = \frac{1}{2}\left(\frac{\partial \bar{u}_j}{\partial x_i} + \frac{\partial \bar{u}_i}{\partial x_j}\right) \qquad (5.21)$$

und

$$\bar{P} = \frac{\bar{\rho}}{\bar{p}} \; . \qquad (5.22)$$

F_i beschreibt dabei die Kraft in x, y, z-Richtung.

Es erscheint ein neuer Term fluktuierender Größen $\overline{u'_i u'_j}$, der in der Literatur als *Reynoldsscher Spannungstensor* bezeichnet wird. Diese Spannungen repräsentieren den Impulsaustausch zwischen Fluidelementen aufgrund turbulenter Bewegung und können nicht direkt aus den gemittelten Impuls- und Massenerhaltungsgleichungen berechnet werden. Die Aufteilung der Momentanwerte der Geschwindigkeitsfluktuationen resultiert jedoch in einem Gleichungssystem, das nicht geschlossen ist. Daher muss dieser zusätzliche Term $\overline{u'_i u'_j}$, z. B. mit Hilfe von experimentellen Untersuchungen, semi-empirisch modelliert werden (Durst, 2006). Dies wird auch als das Schließungsproblem der Turbulenz bezeichnet. Die effiziente Lösung solch umfangreicher Gleichungssysteme stellt große Anforderungen an die numerischen Algorithmen.

In der Literatur werden eine Vielzahl von Turbulenzmodellen vorgeschlagen, entwickelt und für spezielle Strömungsphänomene angewendet. Diese verschiedenen Ansätze zur RANS-Modellierung lassen sich grundsätzlich in die direkte Modellierung und die Modellierung des Reynoldsspannungstensors mittels Differentialgleichungen einteilen. Die direkten Modelle zeichnen sich dadurch aus, dass die Reynoldsspanunngen direkt durch algebraische Ausdrücke modelliert werden. Hierzu gehören unter anderen auch die Wirbelviskositätsmodelle nach (Boussinesq, 1877). Bei den Reynoldsspannungsmodellen (RSM) werden die Reynoldsspannungen durch Transportgleichungen beschrieben, in denen wiederum neue Unbekannte in Form höherer statistischer Momente auftreten. In diesem Fall werden diese höheren statistischen Momente modelliert. Bei algebraischen Spannungsmodellen (ASM) werden diese Differentialgleichungen vereinfacht, um algebraische Ausdrücke zur Schließung des Gleichungssystems zu erhalten.

Der von Boussinesq (Boussinesq, 1877) formulierte Wirbelviskositätsansatz modelliert die turbulenten Spannungen in den Impulsgleichungen durch eine turbulente Viskosität ν_t, die so genannte Wirbel- oder Scheinviskosität. Diese fluktuiert räumlich und zeitlich als Funktion der Strömungsgeschwindigkeit, weshalb es erforderlich ist, sie mittels eines Turbulenzmodells unter Verwendung von numerischen Algorithmen zu berechnen. Die Wirbelviskositätsmodelle können entsprechend der Anzahl der zusätzlichen Transportgleichungen in Nullgleichungs-, Eingleichungs-, Zweigleichungs- bzw. Mehrgleichungsmodelle unterteilt werden. Das in der technischen Anwendung am häufigsten verwendete k-ϵ Modell nach (Launder & Spalding, 1972) ist ein Zweigleichungsmodell mit einer Gleichung für die turbulente kinetische Energie k und einer zweiten für die Dissipationsrate ϵ der turbulenten

62 KAPITEL 5. CFD SIMULATION VON VERBRENNUNGSVORGÄNGEN

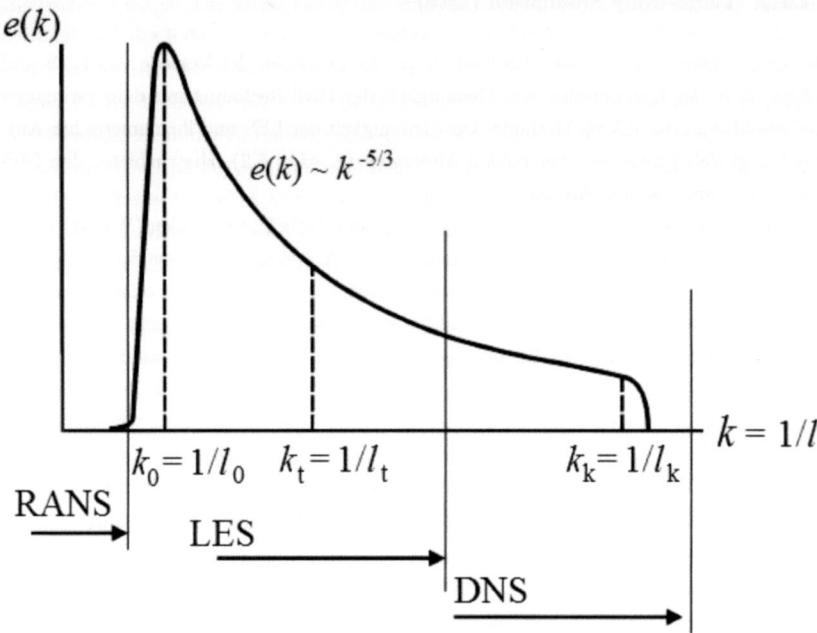

Abb. 5.3: Energiespektrum in einer turbulenten Strömung.

erkauft werden, da eine feine Gitterauflösung notwendig wird. Aufgrund der zunehmenden Rechnerleistung können jedoch in Zukunft immer feinere Strukturen aufgelöst werden. Probleme bereitet weiterhin, wie bei der DNS, die Formulierung geeigneter Anfangs- und Randbedingungen, ohne die eine Lösung nicht möglich ist.

5.2.1.3 Direkte numerische Simulation (DNS)

In einer DNS müssen alle Skalen, die Großen l_0 als auch die kleinsten Skalen l_K (Kolmogorov-Skalen), durch das Rechengitter Gitter aufgelöst werden. Des Weiteren müssen noch die kleinsten Zeitskalen t_K durch eine geeignete Zeitschrittweite Δt während der Berechnung erfasst werden. Dies erfordert eine extrem feine Auflösung, was wiederum einen hohen Rechenaufwand bedeutet. Der große Vorteil dieser Methode liegt darin, dass keine zusätzlichen Turbulenzmodelle benötigt werden.
Eine Erhöhung der Strömungsgeschwindigkeit sorgt für eine Vergrößerung des Energiespektrums in Abb. 5.3. Das Verhältnis der größten zu den kleinsten Längen- bzw. Zeitskalen lässt sich mit

5.2. SUBMODELLE

$$\frac{l_0}{l_K} \sim Re_t^{3/4} \quad (5.24)$$

bzw.

$$\frac{t_0}{t_K} \sim Re_t^{1/2}, \quad (5.25)$$

wobei Re_t eine Turbulenz-Reynolds-Zahl darstellt, abschätzen. Turbulente Strömungen sind immer dreidimensional, weshalb der numerische Aufwand mit $Re_t^{11/4}$ steigt, da auch die Zeitschrittweiten kleiner gewählt werden müssen.
Aus diesem Grund ist die DNS in absehbarer Zukunft für große Tankflammen nicht anwendbar. Für eine übliche turbulente Strömung mit $Re_t = 500$ ist $l_0/l_K \approx 100$, so dass man zur örtlichen Auflösung der kleinsten Skalen pro Dimension ein Gitter mit ≈ 1000 Gitterpunkten, für 3D-Probleme als 10^9 Punkte braucht. Berücksichtigt man, dass man für die Beschreibung eines instationären Verbrennungsvorgangs mindestens 10 000 Zeitschritte benötigt, so kommt man auf eine Zahl von Rechenoperationen, die in der Größenordnung von 10^{15} liegt. Demnach beschränkt sich das Einsatzgebiet auf einfache (meist laminare) Strömungen mit geringen Reynolds-Zahlen. Trotz dieser Einschränkungen sind DNS für kleine Reynolds-Zahlen bei einfachen chemischen Systemen möglich. In (Kuhr *et al.*, 2003) wurde eine 2D-DNS einer kleinskaligen ($d = 100$ mm) Ethylenflamme zur Vorhersage von Temperaturfeldern durchgeführt. Dadurch konnten sehr nützliche Informationen über die Strömungs- und Temperaturfelder von den bisher nur wenig erforschten Labor-Tankflammen erhalten werden.
Dem hohen Rechenaufwand steht gegenüber, dass es die größte Genauigkeit der drei vorgestellten Methoden hat. Es ist kein Turbulenzmodell notwendig, d. h. es treten diesbezüglich keine Modellfehler auf. Die einzige Fehlerquelle entsteht durch die Diskretisierung der Navier-Stokes-Gleichungen und die verwendeten numerischen Algorithmen.
Aus diesen Gründen wird die DNS vorwiegend zur Grundlagenforschung eingesetzt. Ergebnisse dieser Simulationen haben in den letzten Jahrzehnten zum besseren Verständnis der Turbulenz beigetragen (Durst *et al.*, 1976).

5.2.2 Verbrennungsmodelle

5.2.2.1 Eddy-Dissipations-Modell (EDM)

Einer der ersten und einfachsten Ansätze zur Beschreibung der mittleren Reaktionsgeschwindigkeit $\bar{R}$ bei sehr schnellen Verbrennungsreaktionen in reaktiven Strömungen ist das Eddy-Break-Up (EBU) Konzept. Dieses Modell beruht auf der Annahme, dass die Verbrennung mischungskontrolliert ist, d. h. die Reaktionsgeschwindigkeit ist durch die turbulente Dissipationsrate bestimmt. Der geschwindigkeitsbestimmende Schritt erfolgt durch den Stoff- und Wärmetransport infolge von Wirbelbewegungen. Nach dem von Spalding vorgeschlagenen EBU Modell (Spalding, 1970), ergibt sich für die mittlere Reaktionsgeschwindigkeit $\bar{R}_i$ der Spezies i

$$\bar{R}_i = -\frac{\bar{\rho}\, C_i}{\tilde{M}} \sqrt{\tilde{\gamma}_i^2}\, \frac{\epsilon}{k}\, , \qquad (5.26)$$

mit C_i als empirisch ermittelte Konstante der Spezies i. Die mittlere Reaktionsgeschwindigkeit der Gesamtreaktion $\bar{R}_r$ ergibt sich aus dem kleinsten Wert von $\bar{R}_i$ aus allen Spezies. Eine Weiterentwicklung des EBU-Modells ist das Eddy-Dissipation-Modell (EDM). Dieses Modell geht von der Annahme aus, dass sich in einer nicht-vorgemischten Flamme Brennstoff und Luft zunächst in getrennten Wirbeln befinden, die erst dissipieren müssen, bevor eine chemische Reaktion überhaupt stattfinden kann. Daher werden zwei getrennte Dissipations- bzw. Reaktionsraten für die Brennstoff- und Sauerstoffwirbel berechnet, indem die mittlere Brennstoff- und Sauerstoffkonzentration in Betracht gezogen werden. Dieses Modell wurde für Verbrennungsprozesse entwickelt, in der die chemischen Reaktionen im Vergleich zu den (turbulenten) Stofftransportvorgängen wesentlich schneller verlaufen. Das hat zur Folge, dass die Reaktionsgeschwindigkeit direkt von den Mischungsprozessen der Edukte abhängt. Um zusätzlich die Vormischverbrennungsphase berechnen zu können, fügte (Magnussen & Hjertager, 1976) noch eine dritte Reaktionsrate hinzu, die proportional zur Produktkonzentration ist. Die Produktkonzentration charakterisiert dabei den Reaktionsfortschritt. In der frühen Phase der Verbrennung ist die Produktkonzentration sehr klein, so dass die dritte Reaktionsrate geschwindigkeitsbestimmend wird. Im Falle einer stöchiometrischen Verbrennung von n-Hexan mit Luftsauerstoff gilt folgende vereinfachte Brutto-Reaktionsgleichung

$$C_6H_{14} + 9.5\, O_2 \rightarrow 6\, CO_2 + 7\, H_2O\, . \qquad (5.27)$$

Im Eddy-Dissipations-Modell wird die Reaktionsgeschwindigkeit R der Reaktion r durch den kleineren der beiden folgenden Terme bestimmt (ANSYS Inc., 2009)

$$R_r = A\, \frac{\epsilon}{k}\, \min_E \frac{c_i}{\nu_{E,r}}\, , \qquad (5.28)$$

$$R_r = A\, B\, \frac{\epsilon}{k}\, \frac{\sum_P c_i \tilde{M}_i}{\sum_P \nu_{P,i,r} \tilde{M}_i}\, . \qquad (5.29)$$

Gl. (5.28) beschreibt die Abhängigkeit der Reaktionsgeschwindigkeit von den Edukten E bzw. von dem Edukt mit der kleinsten Konzentration. Die Produkte gehen in Gl. (5.28) nicht in den Term ein. Als Konstante werden die empirisch ermittelten Werte von $A = 4$ und $B = 0.5$ gesetzt (Magnussen & Hjertager, 1976). Gl. (5.29) beschreibt die Abhängigkeit der Reaktionsgeschwindigkeit R von den Produkten P. Dieser Term ist insbesondere bei vorgemischten Flammen von Interesse, da hier ein relativ kalter Brennstoffstrom auf einen heißen Produktstrom trifft, wodurch die Reaktion initiiert wird.

5.2.2.2 PDF-Transportmodell

Die im vorigen Kapitel dargestellte Methode zur Berechnung der Edukt- und Produktverteilung in einer Verbrennung wäre für einen Reaktion von n-Hexan mit Luftsauerstoff aufgrund der vielen komplexen Teilreaktionen und intermediären Spezies (auch Radikale müssen berücksichtigt werden) sehr kompliziert. Sämtliche chemische Reaktionen, die während der Verbrennung auftreten, müssten bekannt sein auch jene Reaktionen, die nur zu Zwischenprodukten führen, dazu auch noch sämtliche Faktoren, die benötigt werden, um die Geschwindigkeitskonstanten berechnen zu können, wie z. B. Aktivierungsenergien oder Vorfaktoren. Des Weiteren müsste auch festgestellt werden, welche Reaktionen reversibel oder irreversibel sind, weil dies eine wichtige Auswirkung auf die Bilanzierung der Spezies hat und darauf welche Reaktionen geschwindigkeitsbestimmend sind. Nach (Joos, 2006) treten aber schon bei einem einfachen Brennstoff wie Methan ca. 500 Einzelreaktionen auf, bei n-Hexan wären es einige Größenordnungen mehr. Der Modellierungsaufwand wäre hier nicht mehr gerechtfertigt.

Daher erfolgte die Berechnung bei reaktiven Strömungen mit dem so genannten Mischungsbruch-PDF-Konzept. Der Mischungsbruch ξ beschreibt die lokale chemische Zusammensetzung der reaktiven Strömung. Die Abkürzung PDF bezieht sich auf die Wahrscheinlichkeitsdichtefunktion (*Probability Density Function*), die angibt, mit welcher Wahrscheinlichkeit eine Zufallsvariable x einen Wert x_i annimmt. Die Lösung der Transportgleichung für den Mischungsbruch führt indirekt auf die Spezieskonzentrationen, die Massendichte und die Temperatur der Verbrennungsreaktion. Diese Größen werden mit der PDF zeitlich gemittelt. Folgende Abweichungen treten beim Mischungsbruch-PDF-Konzept im Vergleich zum Eddy-Dissipation-Modell auf.

- Anstatt der Lösung vieler Transportgleichungen für die jeweiligen Spezies ist nur die Berechnung einer Gleichung für den Mischungsbruch und einer Gleichung für die Varianz des Mischungsbruchs notwendig.

- Die Kenntnis der chemischen Reaktionen der Verbrennung ist nicht erforderlich. Die Vorfaktoren und Aktivierungsenergien für die Berechnung der Reaktionsgeschwindigkeiten müssen ebenfalls nicht bekannt sein.

Beim Mischungsbruch-PDF-Ansatz ist vorteilhaft, dass dieses Modell numerisch einfacher ist, als wenn für jede Spezies die jeweilige Transportgleichung gelöst wird. Die Speziesverteilungen der Zwischenprodukte der Verbrennung wie Kohlenstoffmonoxid oder Radikale können berechnet werden. Nachteilig ist, dass mit dem Mischungsbruch-PDF-Ansatz die Flammenlöschung nicht vorhergesagt werden kann. Außerdem lassen sich die Rußbildung und die Stickoxidbildung durch dieses Modell nicht berechnen, was allerdings bei kleinen KW-Flammen ein vernachlässigbarer Effekt darstellt. Die langsamen Reaktionen haben also keine Auswirkung auf die Berechnung der Spezieskonzentrationen.

Folgende Vorrausetzungen müssen für die Anwendung des Mischungsbruch-PDF-Modells erfüllt sein

- Die Schmidt-Zahl Sc und die Prandtl-Zahl Pr sind gleich groß.
- Das Mischungsbruch-PDF-Modell gilt nur für turbulente nicht-vorgemischte Verbrennungsreaktionen.
- Der Brennstoff und das Oxidationsmittel reagieren unendlich schnell.
- Es dürfen nur ein Brennstofftyp und ein Oxidationsmitteltyp verwendet werden.
- Der Systemdruck darf sich nicht signifikant ändern.

5.2.2.3 Flamelet Modell

Bei zahlreichen Verbrennungsvorgängen ist weder die Annahme unendlich schneller Chemie gerechtfertigt noch lassen sich die Verbrennungsreaktionen mit Bruttoreaktionen darstellen. Dann muss mit einem Konzept der detaillierten Chemie gearbeitet werden. Darunter versteht man die Verwendung von aufwendigen Reaktionsmechanismen unter Berücksichtigung vieler Spezies, denen Elementarreaktionen zugrunde liegen. Dies bedeutet, dass für jede Spezies eine Transportgleichung zu lösen ist. Um den dafür hohen Rechenaufwand zu reduzieren, bieten sich Tabellierungstechniken an. Zu einer der wichtigsten Tabellierungstechnik zählt der laminare Flamelet Ansatz, der in (Peters, 2000) beschrieben wird. Ziel dieses Ansatzes ist es die Skalen von Chemie und Turbulenz voneinander zu separieren. Die Skalenseparation drückt sich im Flammenfeld dadurch aus, dass die Flamme eine dünne, schnellreagierende Struktur im Strömungsfeld ist. Die Flamme erscheint so als ein Ensemble laminarer, eindimensionaler *Flämmchen* (sog. Flamelets), die nur unwesentlich das Strömungsfeld beeinflussen. Die thermochemischen Eigenschaften dieser Flamelets werden im Voraus berechnet und in niedrigdimensionalen Tabellen gespeichert. Den Einfluss der Flamelets auf das Strömungsfeld wird durch die Streckungsrate bzw. die skalare Dissipationsrate χ_{st} beschrieben. Zur Vereinfachung wird der thermochemische Zustand eines Flamelets als Funktion vom Mischungsbruch und der skalaren Streckungsrate tabelliert. Liegt für den zu untersuchenden Brennstoff eine Flamelet Tabelle vor, so sind bei der CFD Simulation zusätzlich zu den Navier-Stokes-Gleichungen nur die Transportgleichungen des Mischungsbruchs und dessen Varianz zu lösen.

Die Flamelet Gleichungen im Mischungsbruchraum sind für den instationären 1D Fall

5.2. SUBMODELLE

$$\rho \frac{\partial T}{\partial t} - \rho \frac{\chi_{\text{st}}}{2} \frac{\partial^2 T}{\partial \xi^2} + \frac{1}{c_p} \sum_i \dot{m}_i h_i - \frac{1}{c_p} \frac{\partial p}{\partial t} = 0 , \qquad (5.30)$$

$$\rho \frac{\partial \gamma_i}{\partial t} - \rho \frac{\chi_{\text{st}}}{2 \, Le_i} \frac{\partial^2 \gamma_i}{\partial \xi^2} - \omega_i = 0 . \qquad (5.31)$$

Die Kopplung von Strömungsfeld und Flammenstruktur erfolgt dabei über die skalare Dissipationsrate

$$\chi_{\text{st}} = 2 \, D_\xi \left(\frac{\partial \xi}{\partial x} \right)^2 . \qquad (5.32)$$

Die Grenzen des Flamelet Modells werden bei stark aufgefalteten Flammen erreicht oder wenn die Bedingungen eines 1D Problems nicht mehr gegeben sind (z. B. Abgasrückströmungen). Weiterhin wurden auch Flamelet Modelle für transiente Verbrennungsvorgänge (instationäre Flamelets) entwickelt (Peters, 2000; Pitsch, 1998).

5.2.2.4 ILDM Methode

Ein Ansatz zur Reduktion von chemischen Reaktionsmechanismen ist die Methode der intrinsischen niedrig-dimensionalen Mannigfaltigkeiten (ILDM), die von (Maas & Pope, 1992b; Maas & Pope, 1992a) entwickelt wurde. Diese Methode basiert darauf, dass die schnellen und langsamen Reaktionen mittels Eigenwertanalyse identifiziert werden. Diesem Verfahren liegt zugrunde, dass theoretisch mehrdimensionale Mannigfaltigkeiten für den Reaktionsmechanismus existieren. In vielen Fällen wird jedoch eine niedrigdimensionale Mannigfaltigkeit im Zustandsraum definiert und numerisch berechnet. Durch die ILDM Methode werden die langsamen von den schnellen chemischen Reaktionen innerhalb der Flamme entkoppelt. Durch die Beschreibung des Systems mit wenigen langsamen Reaktionen wird außerdem die Steifheit des Differentialgleichungssystems deutlich reduziert. Der Reaktionsfortschritt kann in diesem Fall durch eine geringe Zahl von Reaktionsfortschrittsvariablen beschrieben werden, für die Transportgleichungen zu lösen sind. Aus den Werten der Reaktionsfortschrittsvariablen ergibt sich aus zuvor berechneten Tabellen die Spezieszusammensetzung des Flammengasgemisches. Der Vorteil der ILDM Methode besteht darin, dass sich mit der Erhöhung der Mannigfaltigkeiten die Genauigkeit steigern lässt. Allerdings erhöht sich dadurch auch die Anzahl der benötigten Tabellen. Die verbleibende Aufgabe ist die Implementierung der Ergebnisse der Mechanismenreduktion in die CFD Simulation, so dass die chemische Kinetik mit physikalischen Transportprozessen wie Diffusion oder turbulente Vermischung gekoppelt wird (Bykov & Maas, 2007).

5.2.3 Konzept des Mischungsbruchs

Analog zu den Massenanteilen bzw. Massenbrüchen γ_i lässt sich ein Elementmassenbruch Z_i definieren, der den Massenanteil eines chemischen Elementes i an der Gesamtmasse angibt als

$$Z_i = \sum_{j=1}^{S} \mu_{ij}\, \gamma_j \qquad i = 1, ..., M \;. \tag{5.33}$$

Hierbei sind S die Zahl der Stoffe und M die Zahl der Elemente im betrachteten Flammengasgemisch. Die Koeffizienten μ_{ij} bezeichnen die Massenanteile des Elementes i im Stoff j.

Als Beispiel für μ_{ij} wird die Spezies CH_4 betrachtet. Die molare Masse von Methan $\tilde{M}_{CH_4}$ lässt sich aus den einzelnen Anteilen der Elemente Wasserstoff und Kohlenstoff berechnen zu

$$4 \cdot 1 \text{ g/mol} + 1 \cdot 12 \text{ g/mol} = 16 \text{ g/mol} \;. \tag{5.34}$$

Der Massenanteil von Wasserstoff an Methan beträgt $\mu_{H,CH_4} = 4/16 = 1/4$ und der Massenanteil von Kohlenstoff $\mu_{C,CH_4} = 12/16 = 3/4$.

Für nicht-vorgemischte Flammen, bei denen nur ein Brennstoffstrom und ein Oxidationsmittelstrom vorhanden sind, lässt sich mit Hilfe der Elementmassenbrüche Z_i ein Mischungsbruch ξ_i definieren

$$\xi_i = \frac{Z_i - Z_{i,\text{Ox}}}{Z_{i,\text{f}} - Z_{i,\text{Ox}}} \;. \tag{5.35}$$

Der Elementmassenbruch $Z_{i,\text{Ox}}$ ist der Elementmassenbruch am Oxidationsmitteleintritt. $Z_{i,\text{f}}$ derjenige am Brennstoffeintritt. Der große Vorteil dieser Begriffsbildung ist, dass dieses ξ_i wegen den Gln. (5.33) und (5.35) in linearer Weise mit den Massenbrüchen verknüpft ist. Sind die Diffusionskoeffizienten der verschiedenen Spezies gleich, was bis auf wenige Ausnahmen oft näherungsweise erfüllt ist, so ist der Mischungsbruch zusätzlich unabhängig von der Wahl des betrachteten Elementes i. Nach (Warnatz et al., 2001) ist die Annahme gleicher Diffusionskoeffizienten eine gute Näherung bei turbulenten Flammen.

Als Beispiel dient hier eine nicht-vorgemischte Flamme, bei der der Brennstoffstrom aus Methan CH_4 und der Oxidationsmittelstrom aus Sauerstoff O_2 besteht. Es wird angenommen, dass diese beiden Stoffe in einer idealisierten unendlich schnell ablaufenden Reaktion zu Kohlenstoffdioxid und Wasserdampf umgesetzt werden

$$CH_4 + 2\, O_2 \rightarrow CO_2 + 2\, H_2O \;. \tag{5.36}$$

5.2. SUBMODELLE

Die Vermischung von Brennstoff und Oxidationsmittel erfolgt durch Diffusion. Die Elementmassenbrüche lassen sich nach Gl. (5.33) berechnen als

$$Z_C = \mu_{C,O_2}\gamma_{O_2} + \mu_{C,CH_4}\gamma_{CH_4} + \mu_{C,CO_2}\gamma_{CO_2} + \mu_{C,H_2O}\gamma_{H_2O} \, , \tag{5.37}$$

$$Z_H = \mu_{H,O_2}\gamma_{O_2} + \mu_{H,CH_4}\gamma_{CH_4} + \mu_{H,CO_2}\gamma_{CO_2} + \mu_{H,H_2O}\gamma_{H_2O} \, , \tag{5.38}$$

$$Z_O = \mu_{O,O_2}\gamma_{O_2} + \mu_{O,CH_4}\gamma_{CH_4} + \mu_{O,CO_2}\gamma_{CO_2} + \mu_{O,H_2O}\gamma_{H_2O} \, . \tag{5.39}$$

Unter Verwendung von $\mu_{C,O_2} = \mu_{H,O_2} = \mu_{O,CH_4} = \mu_{H,O_2} = \mu_{C,H_2O} = 0$ gilt für die Elementmassenbrüche

$$Z_C = \mu_{C,CH_4}\gamma_{CH_4} + \mu_{C,CO_2}\gamma_{CO_2} \, , \tag{5.40}$$

$$Z_H = \mu_{H,CH_4}\gamma_{CH_4} + \mu_{H,H_2O}\gamma_{H_2O} \, , \tag{5.41}$$

$$Z_O = \mu_{O,O_2}\gamma_{O_2} + \mu_{O,CO_2}\gamma_{CO_2} + \mu_{O,H_2O}\gamma_{H_2O} \, . \tag{5.42}$$

Für die Elementmassenbrüche im Brennstoff und im Oxidationsmittel gilt weiterhin

$$Z_{C,f} = \mu_{C,CH_4} = 3/4; Z_{C,O} = 0 \, , \tag{5.43}$$

$$Z_{H,f} = \mu_{H,CH_4} = 1/4; Z_{H,O} = 0 \, , \tag{5.44}$$

$$Z_{O,f} = 0 \qquad Z_{O,O} = 1 \, . \tag{5.45}$$

Die Mischungsbrüche ξ_i der Elemente i sind durch die folgenden drei Gleichungen gegeben

$$\xi_C = \frac{Z_C - Z_{C,O}}{Z_{C,f} - Z_{C,O}} = \frac{Z_C - 0}{\mu_{C,CH_4} - 0} = \frac{Z_C}{\mu_{C,CH_4}} \, , \tag{5.46}$$

$$\xi_H = \frac{Z_H - Z_{H,O}}{Z_{H,f} - Z_{H,O}} = \frac{Z_H - 0}{\mu_{H,CH_4} - 0} = \frac{Z_H}{\mu_{H,CH_4}} \, , \tag{5.47}$$

$$\xi_O = \frac{Z_O - Z_{O,O}}{Z_{O,f} - Z_{O,O}} = \frac{Z_O - 1}{0 - 1} = 1 - Z_O \, . \tag{5.48}$$

Wenn alle Spezies gleich schnell diffundieren, ändert sich das Verhältnis zwischen Wasserstoff und Kohlenstoff nicht

$$\frac{Z_H}{Z_C} = \frac{Z_{H,f}}{Z_{C,f}} = \frac{\mu_{H,CH_4}}{\mu_{C,CH_4}} \quad \text{d. h.} \quad \frac{Z_H}{\mu_{H,CH_4}} = \frac{Z_C}{\mu_{C,CH_4}}. \quad (5.49)$$

Es ist ersichtlich, dass daraus $\xi_H = \xi_C$ folgt. In weiterer Folge bedeutet dies, dass $\xi_H = \xi_C = \xi_O = \xi$ gilt. Es gibt also für alle Elemente den selben Mischungsbruch. Die oben erwähnten Zusammenhänge zwischen ξ und den Massenbrüchen lassen sich in einem Diagramm darstellen (s. Abb. 5.4).

Dazu muss der Mischungsbruch $\xi_{\text{stöch.}}$ bestimmt werden, bei dem eine stöchiometrische Mischung vorliegt. Beim stöchiometrischen Mischungsbruch ist der gesamte Sauerstoff in der Mischung verbraucht ($\gamma_O = 0$). Der Elementmassenbruch $Z_{O,\text{stöch.}}$ lautet somit

$$Z_{O,\text{stöch.}} = \mu_{O,CO_2}\gamma_{CO_2} + \mu_{O,H_2O}\gamma_{H_2O}. \quad (5.50)$$

Die Berechnung der Koeffizienten μ_{O,CO_2} und μ_{O,H_2O} erfolgt analog zur Berechnung von μ_{H,CH_4}. Die Molmasse von O beträgt 16 g/mol, von O_2 32 g/mol, von CO_2 44 g/mol und die von H_2O 18 g/mol. Die Mischung von CO_2 und H_2O hat entsprechend der Reaktion in Gl. (5.36) eine molare Masse von 80 g/mol. Diese Werte werden in Gl. (5.50) eingesetzt

$$Z_{O,\text{stöch.}} = \frac{32}{44} \cdot \frac{44}{80} + \frac{16}{18} \cdot \frac{36}{80} = \frac{64}{80} = \frac{4}{5}. \quad (5.51)$$

Der Wert für den stöchiometrischen Mischungsbruch ist somit $\xi_{\text{stöch.}} = 1/5$.

Die linearen Zusammenhänge zwischen den Mischungsbrüchen ξ und den Massenbrüchen γ_i lauten für den brennstoffreichen Bereich ($\xi_{\text{stöch.}} < \xi < 1$)

$$\gamma_f = (\xi - \xi_{\text{stöch.}})/(1 - \xi_{\text{stöch.}}), \quad (5.52)$$

$$\gamma_O = 0, \quad (5.53)$$

$$\gamma_P = (1 - \xi)/(1 - \xi_{\text{stöch.}}). \quad (5.54)$$

Für den brennstoffarmen Bereich ($0 < \xi < \xi_{\text{stöch.}}$) gilt

$$\gamma_f = 0, \quad (5.55)$$

$$\gamma_O = (\xi_{\text{stöch.}} - \xi)/\xi_{\text{stöch.}}, \quad (5.56)$$

5.2. SUBMODELLE

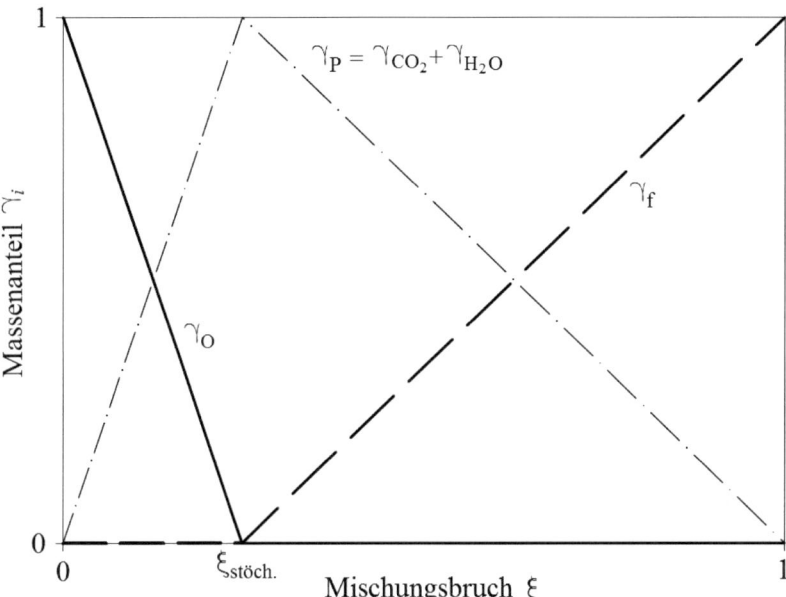

Abb. 5.4: Lineare Zusammenhänge zwischen Mischungsbruch und Massenbrüchen für das Reaktionssystem Methan/Luft.

$$\gamma_P = \xi/\xi_{\text{stöch.}} \tag{5.57}$$

Für ξ besteht die Mischung ausschließlich aus Oxidationsmittel ($\gamma_O = 1$), für $\xi = 1$ besteht die Mischung ausschließlich aus Brennstoff ($\gamma_f = 1$). Am Punkt stöchiometrischer Mischung $\xi_{\text{stöch.}}$ liegen weder Brennstoff noch Oxidationsmittel vor; die betrachtete Mischung besteht hier also vollständig aus Verbrennungsprodukten ($\gamma_P = 1$). Im brennstoffreichen Bereich ($\xi_{\text{stöch.}} < \xi < 1$) existiert kein Oxidationsmittel, da dieses mit dem überschüssigen Brennstoff zu den Produkten reagiert. Analog hierzu liegt im brennstoffarmen Bereich ($0 < \xi < \xi_{\text{stöch.}}$) kein Brennstoff vor.

5.2.3.1 Transportgleichungen für den Mischungsbruch und die Varianz

Wie in Abschnitt 5.2.3 gezeigt wurde, ist der Mischungsbruch ξ eine skalare Größe. Sein Wert an jedem Punkt im Strömungsbereich wird vom Solver durch Lösung der folgenden Transportgleichung für $\bar{\xi}$, den zeitlich-gemittelten Wert von ξ, im turbulenten Strömungsfeld berechnet

$$\frac{\partial(\rho\,\bar{\xi})}{\partial t} + \frac{\partial}{\partial x_j}\left(\rho\, u_j\, \bar{\xi}\right) = \frac{\partial}{\partial x_j}\left(\frac{\mu_t}{\sigma_t}\frac{\partial \bar{\xi}}{\partial x_j}\right) + U_i\,. \tag{5.58}$$

Der Quellterm U_i tritt nur bei heterogenen Reaktion auf. In allen anderen Fällen, d. h. bei Gasphasenreaktionen, gibt es keine Quellen für ξ. Zusätzlich zum mittleren Mischungsbruch löst der Solver eine Transportgleichung für die Varianz $\overline{\xi''^2}$ des Mischungsbruchs

$$\frac{\partial}{\partial t}\left(\rho\,\overline{\xi''^2}\right) + \frac{\partial}{\partial x_j}\left(\rho\, u_j\,\overline{\xi''^2}\right) = \frac{\partial}{\partial x_j}\left(\frac{\mu_t}{\sigma_t}\frac{\partial \overline{\xi''^2}}{\partial x_j}\right) + C_g\,\mu_t\left(\frac{\partial \bar{\xi}}{\partial x_j}\right)^2 - C_d\,\rho\,\frac{\epsilon}{k}\,\overline{\xi''^2}, \tag{5.59}$$

worin die Konstanten σ_t, C_g und C_d die Werte 0.85, 2.86 bzw. 2.0 annehmen (Jones & Whitelaw, 1982). Die Varianz des Mischungsbruchs wird im Schließungsmodell verwendet, das die Interaktionen von Turbulenz und Chemie beschreibt (s. Abschnitt 5.2.3.3).

5.2.3.2 Zusammenhang des Mischungsbruchs mit den Feldgrößen

Der Vorteil des Mischungsbruchmodells besteht darin, dass durch Berechnung einer skalaren Größe ξ die momentanen Werte von Dichte, Spezieskonzentration und Temperatur abgeleitet werden können, ohne dass die jeweiligen Transportgleichungen gelöst werden. Für ein adiabates System gilt

$$\chi_i = \chi_i(\xi)\,. \tag{5.60}$$

χ_i repräsentiert dabei die momentane Spezieskonzentration, die Dichte oder die Flammentemperatur des Simulationsgebietes (der momentane Wert einer Größe ist ihr Wert an einem bestimmten Ort zu einer bestimmten Zeit im Simulationsgebiet). Für ein nicht-adiabates System gilt

$$\chi_i = \chi_i(\xi, h)\,. \tag{5.61}$$

Die momentane Enthalpie h ist dabei folgendermaßen definiert (γ_i ist der Massenanteil der Spezies i in der reaktiven Strömung, h_i deren Enthalpie)

$$h = \sum_i \gamma_i h_i = \sum_i \left(\int_T c_{p,i}\,\mathrm{d}T + h_{i,0}\right)\,. \tag{5.62}$$

Nicht-adiabate Systeme schließen jedes System ein, bei welchen die Totalenthalpie nicht ausschließlich durch den Mischungsbruch definiert ist. Folgende Systeme müssen als nicht

5.2. SUBMODELLE

adiabat behandelt werden: Systeme mit mehreren Brennstoffen oder Oxidationsmittelströmen bei unter schiedlichen Eintrittstemperaturen (Wärmefluss zufolge Temperaturgradienten), Systeme mit Wärmeübertragung an Wänden oder Wärmeübertragung durch Strahlung und Systeme mit dispergierten Tröpfchen oder Partikeln (die Teilchen nehmen Wärme auf).

5.2.3.3 Berücksichtigung der Turbulenz

Die im vorangegangenen Kapitel beschriebene Methode der Berechnung von Spezieskonzentration, Dichte und Temperatur liefert momentane Werte. Für die Berechnung der Mittelwerte wird die so genannte Wahrscheinlichkeitsdichtefunktion PDF eingesetzt. Die Wahrscheinlichkeitsdichtefunktion $P(\xi)$ beschreibt den Anteil der Zeit, den die fluktuierende Variable ξ im Bereich $\Delta\xi$ verbringt (Abb. 5.5).

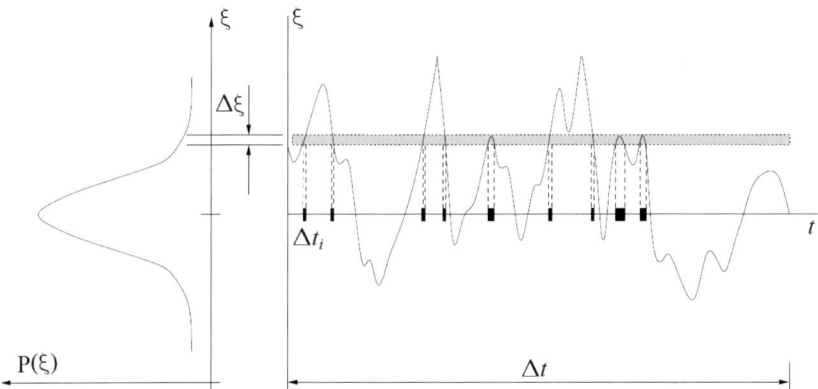

Abb. 5.5: Graphische Darstellung der Wahrscheinlichkeitsdichteverteilung, nach (Jones & Whitelaw, 1982).

Mathematisch formuliert

$$P(\xi)\Delta\xi = \lim_{\Delta t \to \infty} \frac{1}{\Delta t} \sum_i \Delta t_i \ , \quad (5.63)$$

wobei Δt_i die Aufenthaltszeit von ξ im Bereich $\Delta\xi$ ist und das Zeitintervall Δt gegen unendlich läuft. Der Verlauf der Funktion $P(\xi)$ hängt von den turbulenten Fluktuationen von ξ ab. Für die Berechnung der PDF lässt sich aus den Speziesbilanzen eine Transportgleichung für die zeitliche Entwicklung der Wahrscheinlichkeitsdichtefunktion ableiten. Dadurch können chemische Reaktionen exakt berechnet werden, da der genaue Verlauf von $P(\xi)$ bestimmt wird. Eine solche PDF Transportgleichung ist aber nur mit einem hohen rechentechnischen Aufwand lösbar (Warnatz *et al.*, 2001).

Eine einfachere Methode, um die Wahrscheinlichkeitsdichtefunktion des Mischungsbruchs zu berechnen, besteht darin, dass man eine bestimmte Form der Verteilungsfunktion annimmt. In dieser Untersuchung wird die oft verwendete β-Funktion herangezogen, die durch Mittelwert und Varianz von ξ bestimmt wird. Anstelle der Transportgleichung für die PDF müssen die Transportgleichungen für Mittelwert und Varianz von ξ gelöst werden. Die β-PDF wird folgendermaßen berechnet

$$P(\xi) = \frac{\xi^{\alpha-1}(1-\xi)^{\beta-1}}{\int \xi^{\alpha-1}(1-\xi)^{\beta-1} \mathrm{d}\xi} , \quad (5.64)$$

wobei α und β nach den Gln. (5.65) und (5.66) berechnet werden

$$\alpha = \bar{\xi} \left[\frac{\bar{\xi}(1-\bar{\xi})}{\overline{\xi'^2}} - 1 \right] , \quad (5.65)$$

$$\beta = (1-\bar{\xi}) \left[\frac{\bar{\xi}(1-\bar{\xi})}{\overline{\xi'^2}} - 1 \right] . \quad (5.66)$$

Die Darstellung der skalaren Größen χ als Funktion von ξ bei adiabaten Systemen und von ξ und h bei nicht-adiabaten Systemen erfolgte schon in den Gln. (5.60) und (5.61). Als Rechenergebnis von Interesse sind allerdings gemittelte Werte. Für ein adiabates Systeme gilt

$$\bar{\chi} = \int_0^1 \chi(\xi) \, p(\xi) \, \mathrm{d}\xi . \quad (5.67)$$

Die Bestimmung von $\bar{\chi}_i$ erfordert in nicht-adiabaten Systemen die Lösung der Transportgleichung für die zeitgemittelte Enthalpie

$$\frac{\partial}{\partial t} \left(\rho \, \bar{h} \right) + \frac{\partial}{\partial x_j} \left(\rho \, u_j \, \bar{h} \right) = \frac{\partial}{\partial x_j} \left(\frac{k}{c_p} \frac{\partial \bar{h}}{\partial x_j} \right) + \tau_i \frac{\partial u_i}{\partial x_i} + U_i \quad (5.68)$$

Der Term U_i bezieht den Quellterm infolge thermischer Strahlung und Wärmeübertragung mit der Tankwand in die Rechnung ein.

5.2.3.4 Modellierung und Lösungsprinzipien

Um Berechnungszeit einzusparen, wird vorab ein Teil der Berechnung, der für den Mischungsbruch-PDF-Ansatz erforderlich ist, unter Verwendung eines Präprozessors durchgeführt. In Abb. 5.6 ist dargestellt, wie die Aufgabenverteilung zwischen dem Präprozessor (prePDF) und dem Solver geteilt ist. Der Präprozessor berechnet die momentanen

5.3. DURCHFÜHRUNG DER CFD SIMULATION

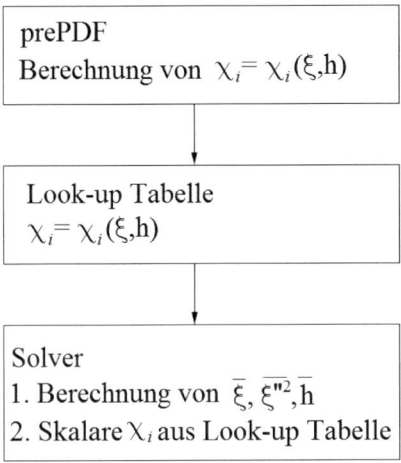

Abb. 5.6: Aufteilung der rechentechnischen Aufgaben zwischen Solver und Präprozessor.

Werte der Temperatur, der Dichte und der Molanteile der Spezies und speichert diese in den so genannten *Look-up*-Tabellen. Für die Erstellung der *Look-up*-Tabellen sind die Immediat- und Elementaranalyse des Brennstoffes erforderlich. Die Wahrscheinlichkeitsdichtefunktion PDF wird innerhalb des Solvers mit den Werten des Mischungsbruchs und dessen Varianz berechnet. Die Mittelung der physikalischen Eigenschaften nach Gl. (5.67) erfolgt ebenfalls innerhalb des Solvers. Die momentanen Werte, die für die Integrationen erforderlich sind, stammen aus den *Look-up*-Tabellen.

5.3 Durchführung der CFD Simulation

5.3.1 Geometrie und Gittergenerierung

Die Geometrie, die der anschließenden Strömungssimulation zugrunde liegt, wurde mit dem CFD-Präprozessor ANSYS© GAMBIT erstellt. Hierbei handelt es sich um ein CAD-Programm mit der zusätzlichen Möglichkeit zur Erstellung der für die Berechnung benötigten Rechengitter.

Die Grundstruktur des Strömungsgebietes besteht aus verschieden großen Volumina, welche zunächst generiert und auf die gewünschte Position innerhalb des ebenfalls zuvor generierten Raumes gebracht werden müssen. GAMBIT betrachtet Alles innerhalb des Strömungsgebiets als Fluid. Um einen Festkörper, wie z. B. die Tankwand im Einlaufbereich, als solchen erkennbar zu machen, muss man diesen aus dem Raum heraus subtrahieren.

Dadurch entsteht in dem bereits vorhandenen Volumen ein *Loch*, dessen Begrenzungen später als *Wand* bezeichnet werden.

Aufgrund des vollständig symmetrischen Modells, konnte mit numerisch günstigen, unstrukturierten Hexaeder-Gittern gearbeitet werden. In GAMBIT lassen sich Geometrien gemäß der Bottom-Up Methode erstellen, aber auch vollständige 2D- oder 3D-Geometrien sind als Acis-Format oder CAD-Format importierbar. Die Genauigkeit liegt dabei bei 10^{-6} m. Die Bottom-Up Methode erfolgt über den hierarchischen Aufbau von Punkten, Linien, Flächen und Körpern. Extrusions- und Verschneidungswerkzeuge sind auf allen Geometrieebenen verfügbar, mit Boolschen-Operationen lassen sich Volumenkörper bearbeiten.

Zu den Teilkomponenten des Modellaufbaus zählen

- **Zuströmbereich um die Tankwand**
  Wie sich im besonderen Fall der Strömungsberechnung zeigt, ist eine Klärung der Strömungsverhältnisse vor dem eigentlichen Lösungsgebiet von großer Bedeutung. Wirbel und vektorielle Größen der Strömungsgeschwindigkeit im Einlauf beeinträchtigen die eigentliche Berechnung stark und müssen berücksichtigt werden. Um Bereiche herauszufinden, in denen besonders große Geschwindigkeitsgradienten auftreten, sollte man den Strömungsverlauf für die spätere Vergitterung bereits kennen. Diese Strömungsbedingungen wurden aus vorherigen Simulationen annähernd ermittelt. Der Einlaufbereich wird dabei von einer 5 mm hohen und 2 mm dicken Tankwand bei einem Tankdurchmesser von $d = 50$ mm umgeben.

- **Strömungsgebiet**
  Das eigentliche Strömungsgebiet umfasst die Flamme bis zu ihrer maximalen Ausdehnung und den Zuströmungsbereich der Umgebungsluft. Er wurde so gewählt, dass die äußeren Umrandungen des Systems keinen Einfluss auf die Kernströmung im Inneren der Flamme haben. Er wurde daher ausreichend groß dimensioniert, wobei Teilbereiche der Kernströmung feiner und außen liegende Bereiche gröber vergittert wurden. Das Gesamtmodell hat dabei eine Ausdehnung von 200 mm in x,y,z-Richtung, wobei die x-Achse die Strömungsrichtung charakterisiert.

In Abb. 5.7 lässt sich die Geometrie des Modells mit den oben genannten Maßen erkennen. Wie deutlich aus der Abbildung hervorgeht, ist das Strömungsmodell in viele kleine Volumina mit entsprechenden Zwischenflächen (sog. *Interiors*) unterteilt. Diese Zwischenflächen erleichtern insbesondere die Aufteilung in den Kernströmungs- und den Zuströmungsbereich sowie das anschließende Vergittern des Simulationsgebietes.

Prinzipiell unterscheidet GAMBIT zwei verschiedene Volumina zur Vernetzung, Tetraeder und Hexaeder. Tetraeder und Hexaeder sind reguläre, komplexe Polyeder. Dies bedeutet, dass alle Oberflächen des Körpers aus denselben regelmäßigen Vielecken bestehen und an jeder Ecke (Knoten) gleich viele dieser regelmäßigen Vielecke zusammentreffen. Ein

5.3. DURCHFÜHRUNG DER CFD SIMULATION

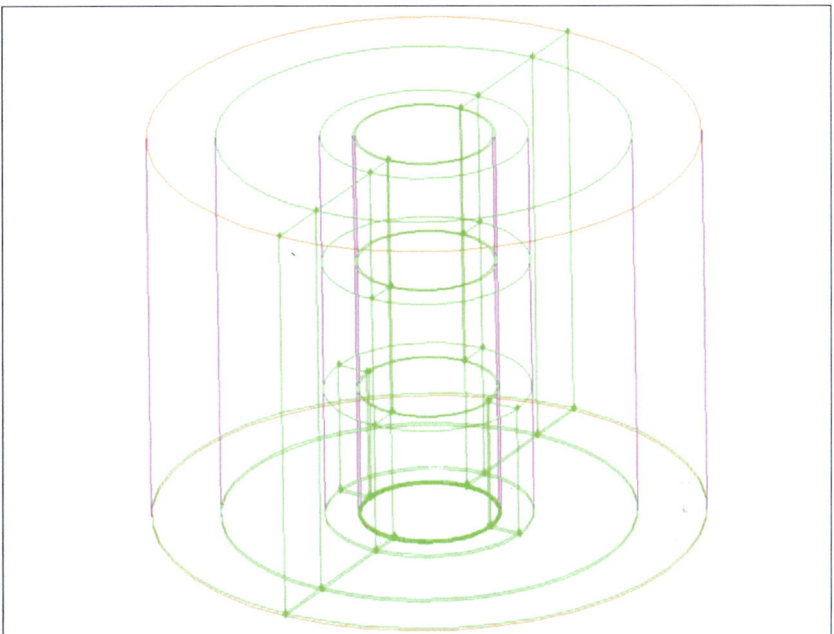

Abb. 5.7: Grundgeometrie des Simulationsmodells.

Tetraeder besteht aus vier Dreiecken, ein Hexaeder aus sechs Quadraten. Der Vorteil strukturierter Gitter ist, das die Zellen in Form einer 2D- oder 3D-Matrix darstellbar sind, wobei die benachbarten Zellen in der Matrix und in der Geometrie benachbart sind. Über die jeweiligen Indices der Zellen kann eine Aussage über die örtliche Zuordnung gemacht werden. Unstrukturierte Gitter werden bevorzugt für die Vernetzung komplexer Geometrien verwendet. Sie bieten den Vorteil, beliebig geformten Geometrien einfach angepasst werden zu können. Weiterhin sind lokale Verfeinerungen des Gitters leicht möglich. Diese Flexibilität unstrukturierter Gitter wird allerdings auch von Nachteilen begleitet. Die Positionen der Gitterpunkte sowie die Verbindungen einer Gitterzelle zu ihren Nachbarzellen müssen explizit spezifiziert werden. Die Irregularität der resultierenden Datenstruktur führt dazu, dass die Berechnung auf unstrukturierten Gittern meist langsamer erfolgt als auf strukturierten.

Aufgrund der gleichmäßigen Netzstruktur und der besseren Berechenbarkeit sind Hexaedergitter eindeutig zu bevorzugen, jedoch bereitet dies auch einen größeren Aufwand bei der Vorbereitung der Vernetzung. Sobald sich innerhalb des zu vernetzenden Volumens Hindernisse mit komplizierter Geometrie befinden, ist eine Hexaedervernetzung nicht mehr auf Anhieb möglich (z. B. Umströmungen von Flugzeugtragflächen). Der hier gewählte Weg ist es, das Strömungsgebiet in viele kleine Volumina zu unterteilen, wie schon oben beschrieben, und diese zu vernetzen. Aus Gründen der Zeitersparnis bei der Vernetzung besteht ebenfalls die Möglichkeit, reine Tetraedernetze oder eine Mischung aus Tetraeder- und Hexaedernetzen, so genannte Hybridnetze, zu verwenden.

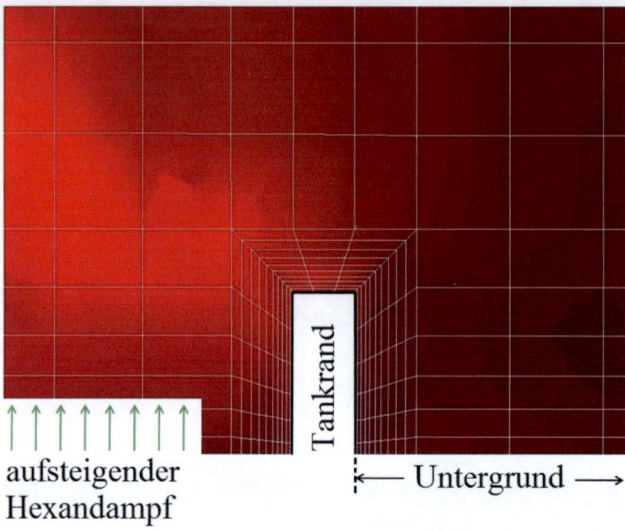

Abb. 5.8: Vergitterung und Boundary Layer um den Tankrand.

Die einzelnen Volumina werden dabei mit unterschiedlichen Zellgrößen vergittert. Das feinste Gitter wurde um den Tankrand und den Einlaufbereich gelegt, da hier die größten Geschwindigkeits-, Konzentrations- und Temperaturgradienten auftreten (s. Abb. 5.8). Es wurde daher eine so genannte *Boundary Layer* um die Tankwand gelegt, um hier die Strömungsgrenzschicht so gut wir möglich aufzulösen. Die Kernströmung der Flamme wurde mit einem Hexader-Gitter mit den Abmessungen von $\Delta x, \Delta y, \Delta z = 1$ mm für eine Zelle vergittert. Der Zuströmungsbereich der Luft lässt sich aufgrund der weitaus geringeren, insbesondere Strömungsgradienten, durch ein gröberes Gitter von $\Delta x, \Delta y, \Delta z = 3$ mm darstellen. Dieser Zuströmungsbereich mit gröberen Gitterzellen beginnt in ca. 20 mm radialer Entfernung vom Tankrand und wird durch ein unstrukturiertes *Pave-Gitter* in ein gröberes Gitter überführt. Diese Vergitterungstechnik zielt daraufhin ab, dass Zellen bei der späteren Berechnung eingespart werden können. Trotz dieser Einsparungsmaßnahmen resultieren noch $2 \cdot 10^6$ Zellen für das vergitterte Gesamtmodell, welches in Abb. 5.9 dargestellt ist.

5.3. DURCHFÜHRUNG DER CFD SIMULATION

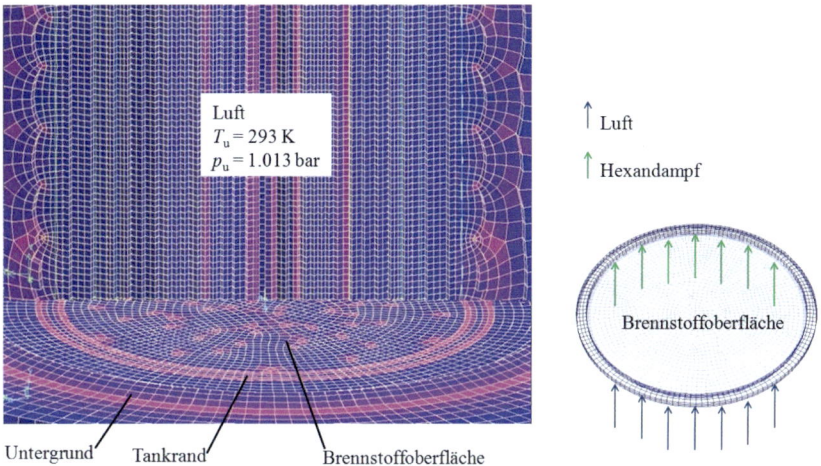

Abb. 5.9: Verwendetes Hexaeder Rechengitter zur Simulation der Hexanflamme.

5.3.2 Anfangs- und Randbedingungen

Die Erhaltungsgleichungen der Strömungsmechanik (Abschnitt 5.1) sind nicht eindeutig lösbar, auch wenn alle Parameter und Quellterme bekannt sind. Sie müssen durch Anfangs- und Randbedingungen ergänzt werden. Die Ursache besteht darin, dass die Differentialgleichungen zum Lösen integriert werden müssen und hierfür die Integrationskonstanten zu bestimmen sind. Die Integrationskonstanten ergeben sich aus den Rand- und Anfangsbedingungen. Es existieren die folgenden Formen von Rand- und Anfangsbedingungen:

- Dirichlet-Bedingung $\quad \chi = C_1$
  Ein fester Wert einer beliebigen Bilanzgröße χ ist am Rand des Simulationsgebiets gegeben.

- Neumann-Bedingung $\quad \frac{\partial \chi}{\partial n} = C_2$
  Ein Wert für die Ableitung der Bilanzgröße in Richtung der Normalen n zum Rand ist gegeben.

- Cauchy-Bedingung $\quad \frac{\partial \chi}{\partial n} + C_3\, \chi = C_4$
  Eine Linearkombination aus Ableitung und Wert der Bilanzgröße ist am Rand gegeben.

Die Konstanten C_1 - C_4 können dabei räumlich und zeitlich variabel sein.
Die Anfangs- und Randbedingungen des Simulationsgebietes müssen vor dem Start der Simulation definiert werden. Die Raumbedingungen sog. *Continuum Types* kommen in

dieser Anwendung nicht zum Tragen, da in der vorliegenden Arbeit vereinfachend von einer Einphasenströmung ausgegangen wird. Der Phasenübergang von flüssigem Brennstoff zu Brennstoffdampf wird nicht modelliert.
Zu den Randbedingungen zählt man die Ein- und Auslässe des Simulationsgebietes. Weiterhin zählen hierzu die heraus subtrahierten Volumina, wie in diesem Fall die Tankrandoberfläche. Alle Volumina und Flächen, die die heraus subtrahierten Volumina umspannen, wurden bereits in GAMBIT markiert und als *Wand* definiert. Dadurch sind sie später in FLUENT gesondert aufgeführt und können getrennt von anderen Begrenzungen des Simulationsgebiets parametrisiert werden. Die Werte der Randbedingungen, z. B. die Massenabbrandrate des Brennstoffs, die Temperatur des Brennstoffdampfes und die materielle Beschaffenheit des Tankrands, werden in FLUENT eingestellt. Die Randbedingungen der Simulation sind in Tab. 5.1 aufgeführt.

Tab. 5.1: Randbedingungen der Verbrennungssimulation

Flächenname	Wert
Brennstoffoberfläche	$\bar{m}_f'' = 0.024$ kg/(m^{2}s)
	$T_{\text{Sd}} = 342$ K
	$\xi = 1$
Tankrandoberfläche	$u_x, u_y, u_z = 0$
Mantelfläche Simulationsgebiet	$T_\text{u} = 288$ K
	$p_\text{u} = 101325$ Pa
	$\xi = 0$

Aus Experimenten von (Bieller, 1988) sind die Bedingungen am Zulauf (Brennstoffoberfläche) bekannt. Deshalb werden am Zulauf Dirichlet-Bedingungen angegeben. Diese sind über die gesamte Brennstoffoberfläche konstant.

Der Zulaufbereich des Brennstoffdampfes ist durch den Tankrand begrenzt. Diese Begrenzung wird über die Wand-Randbedingung beschrieben. In dem vorliegenden Fall können an der Tankrandoberfläche Haftbedingungen angenommen werden, d. h. alle Geschwindigkeitskomponenten sind durch die vorzugebende Geschwindigkeit der Wand bestimmt (Dirichlet-Randbedingung).

Das die Absolutwerte der Bilanzgrößen an der Mantelfläche des Simulationsgebietes sehr stark durch die Strömungs- und Temperaturverhältnisse im inneren der Flamme bestimmt werden, lassen sich hier keine Vorhersagen treffen, wie sie für Dirichlet-Randbedingungen erforderlich wären. Es wird daher eine Druck-Randbedingung gewählt, die sich aus der Verbindung zwischen Kontinuitätsgleichung und Impulsgleichung ergibt. Damit ist die Strömungsgeschwindigkeit an dem Rand des Simulationsgebietes Teil der Lösung während der Druck vorgeben wird. Durch Ränder mit Druck-Randbedingungen kann die Strömung sowohl ein- als auch ausfließen, wie es bei Wirbelstrukturen der Fall ist. Die absoluten Werte der Randbedingungen wie z. B. der Massenabbrandrate, Umgebungstemperatur sowie Umgebungsdruck wurden Experimenten von (Bieller, 1988) entnommen. Die Temperatur, mit der der aufsteigende Brennstoffdampf in das Strömungsgebiet eintritt, wurde vereinfachend mit konstanter Siedetemperatur (T_{Sd} = 342 K) gewählt. Der Wärmeübergang von Flamme zu Tankwand wurde nicht berücksichtigt und die Tankwand als adiabatisch betrachtet.

Die definierten Anfangsbedingungen zu Beginn der Simulation wie z. B. Temperatur oder Druck sind in Tab. 5.2 aufgelistet.

Tab. 5.2: Anfangsbedingungen der Verbrennungsrechnung.

Größe	Wert
Umgebungstemperatur	T_u = 288 K
Umgebungsdruck	p_u = 101325 Pa
Strömungsgeschwindigkeit	$u_x, u_y, u_z = 0$
Luftdichte	ρ_u = 1.239 kg/m^3
Erdbeschleunigung	$\vec{g}_x$ = -9.81 m/s^2
Stickstoffmassenanteil	γ_{N_2} = 0.760
Sauerstoffmassenanteil	γ_{O_2} = 0.232
Kohlenstoffdioxidmassenanteil	γ_{CO_2} = 0.0035
Wasserdampfmassenanteil	γ_{H_2O} = 0.005

5.3.3 Auswahl und Konfiguration der Submodelle

5.3.3.1 Turbulenzmodell

In Abschnitt 5.2.1 wurde bereits erläutert, warum Turbulenzmodelle zur Simulation benötigt werden. Jedes der von FLUENT© zur Verfügung gestellten Turbulenzmodelle hat seine Stärken und Schwächen. Es muss hier besonders darauf verwiesen werden, dass alle vorhanden Standard-Modelle nicht für eine auftriebsbestimmte, turbulente Naturkonvektionsströmung entwickelt wurden. Übliche Anwendungen sind Rohrströmungen und Umströmungen von relativ geometrisch einfachen Körpern. Im Fall von reaktiven Strömungen wurden spezielle Turbulenzmodelle für Brennerflammen mit großem Anfangsimpuls, wie z. B. Jet-Flammen in dieselmotorischen Verbrennung, entwickelt (Zimont, 2000; Zimont et al., 1998). Daher sollte der Modellierungsaufwand für die vorliegende Hexanflamme möglichst gering sein. Als einzige Simulationstechnik kommt daher die LES in Frage, in der nur die kleinsten Skalen modelliert werden müssen (s. a. Abschnitt 5.2.1.2). Als implementiertes Feinstrukturmodell wurde das Smargorinsky-Lilly Turbulenzmodell mit den Standardeinstellungen gewählt, welches in (ANSYS Inc., 2009) ausführlich dargestellt wird.

5.3.3.2 Verbrennungsmodell

Als Verbrennungsmodell wurde das PDF-Transportmodell verwendet. Dieses zählt zur Gruppe der PDF-Modelle für nicht-vorgemische Verbrennungen und wurde bereits in Abschnitt 5.2.2.2 näher beschrieben. Die für das PDF-Transportmodell erforderliche Lookup-Tabelle wurde zuvor mit Hilfe eines Präprozessors erstellt. Dem PDF-Modell liegen 20 Spezies mit 42 reversiblen Reaktionen für die Verbrennung von n-Hexan mit Luft zugrunde. Somit können auch Information über Zwischenprodukte (z. B. C_2H_4, C_2H_2), Radikale (z. B. O, N) und unvollständig verbrannte Spezies (z. B. CO) erhalten werden.

Das PDF-Modell erfordert Anfangs- und Randbedingungen für den Mischungsbruch. Dem Mischungsbruch wird im gesamten Simulationsgebiet ein Startwert von $\xi = 0$ zugewiesen. Dies ist gleichbedeutend mit der Abwesenheit des Brennstoffs. Der gleiche Wert wird dem Mischungsbruch an den anderen Randbedingungen zugewiesen. Lediglich am Brennstoffeintritt wird ein Brennstoffstrom durch einen Wert von $\xi = 1$ gesetzt.

Die Rußbildung und die thermische Strahlung müssen bei KW-Flammen insbesondere mit größeren Pool-/Tankdurchmessern modelliert werden. Eine ausführliche Beschreibung dieser Modelle (Magnussen & Hjertager, 1976; Yang et al., 1995) ist auch in (Vela, 2009; Kuhr, 2008) zu finden.

5.3.4 Strömungslöser (Solver)

Nachdem die Anfangs- und Randbedingungen im Simulationsgebiet definiert und initialisiert wurden, kann nun der Solver ausgewählt werden. FLUENT© Version 12.0 bietet dabei einen gekoppelten Solver (Druck- und Impulsgleichung miteinander gekoppelt) und ein entkoppeltes Lösungsverfahren (segregated Solver) an, bei dem die Erhaltungsgleichungen nacheinander gelöst werden. Vorteile des gekoppelten Solvers liegen vor allem in der numerischen Stabilität der Lösung und dem Konvergenzverhalten. Die großen Nachteile liegen jedoch in der relativ langen Rechenzeit und dem hohen Bedarf an Arbeitsspeicher. Aufgrund der kürzeren Rechenzeiten des entkoppelten Lösungsverfahrens wurde der segregated Solver gewählt, der sich ebenfalls, während vorangegangener Arbeiten am Institut, als numerisch stabil erwiesen hat. Für eine ausführliche Beschreibung der beiden Solver wird auf (ANSYS Inc., 2009) verwiesen.

Das Konvergenzverhalten der Berechnung kann anhand der Residuen überprüft werden. Die von FLUENT© vorgeschlagen Toleranzen bei der Residuen-Rechnung werden auf eine Genauigkeit von 10^{-5} gesetzt. Ein Herabsetzen dieser bedeutet zwar, dass die Lösung von FLUENT© schneller als *genau genug* empfunden wird, jedoch ist die Gefahr eines

5.3. DURCHFÜHRUNG DER CFD SIMULATION

ungenauen Ergebnisses umso größer. Bei dem hier verwendeten transienten Solver werden die Zeitschrittweite und die Anzahl der Iterationen pro Zeitschritt festgelegt. Je mehr Iterationen pro Zeitschritt berechnet werden, desto genauer ist das Ergebnis. Als praktisch geeignet hat sich eine Anzahl von 20 Iterationen pro Zeitschritt erwiesen. Die Ergebnisse der einzelnen Zeitschritte werden in den zuvor gesetzten *Kontrollmonitore* zwischengespeichert, um somit die gesamte Entwicklung der Strömungsvorgänge nach abgeschlossener Berechnung in die Auswertung mit einbeziehen zu können. Die Auswahl der *Kontrollmonitore* zielt daraufhin ab, dass man die interessierenden Größen, in diesem Fall die Temperatur, Dichte und Spezieskonzentrationen, räumlich und zeitlich ermittelt, um diese bei der Auswertung der Ergebnisse mit Experimenten diskutieren zu können. Die Ermittlung der Zeitschrittweite Δt bei einer LES kann über das *C*ourant-*F*riedrichs-*L*evy (CFL) Kriterium erfolgen

$$CFL = \frac{u_{\max} \Delta t_{\min}}{\Delta x_{\min}}, \tag{5.69}$$

mit $u_{\max}$ als die maximal zu erwartende Strömungsgeschwindigkeit im Strömungsgebiet, $\Delta x_{\min}$ als kleinste Zellengröße und $\Delta t_{\min}$ als minimale Zeitschrittweite. Der CFL-Wert soll bei einer LES nach (Breuer, 2002) etwa $CFL \approx 0.5$ betragen. Aus Vorversuchen und experimentellen Ergebnissen hat sich daraus eine Zeitschrittweite von $\Delta t_{\min} = 10^{-4}$ s für die Simulation ergeben. Die Simulation wurde zu Beginn jedoch mit größeren Zeitschrittweiten $\Delta t > \Delta t_{\min}$ angerechnet und wurde adaptiv mit fortschreitender Rechenzeit schrittweise auf $\Delta t_{\min} = 10^{-4}$ s reduziert. Die Gründe für diese Vorgehensweise lagen in numerischen Instabilitäten während der Anrechnungsphase der Simulation.

Kapitel 6

Ergebnisse und Diskussion

6.1 Experimentelle Interferogramme der Hexanflamme

Über Interferogramme von Tankflammen, die simultan und im gleichen Abbildungsmaßstab sowohl die sichtbare Flamme als auch das Interferogramm enthalten, sind ausschließlich eigene Untersuchungen bekannt (Schönbucher *et al.*, 1985; Schönbucher & Brötz, 1978; Lucas, 1981). In Abb. 6.1 sind solche Interferogramme für die untersuchte Hexanflamme ($d = 50$ mm) in verschiedenen Höhenbereichen über dem Tankrand dargestellt. Die kohärenten Strukturen, die in solchen Flammen vorkommen, sind abhängig vom eingesetzten Brennstoff und der Höhe x über dem Tankrand. Die x-Schnitte, aus denen in den folgenden Abschnitten die Interferenzstreifenordnung $S(x,y)$ sowie hieraus die Brechzahl-, Dichte- und Temperaturprofile zur Auswertung herangezogen werden, sind als horizontale Linien in Richtung der y-Achse gekennzeichnet.

Wie aus den Interferogrammen zu erkennen, ist die Flamme im Bereich der Verbrennungs- und Pulsationszone (Abb. 6.1a) von einer dicken, laminaren Grenzschicht mit einer hohen Interferenzstreifendichte umgeben. Charakterisiert werden kann diese thermische Grenzschicht in den Interferogrammen durch Bereiche hoher Interferenzstreifendichte. Dies bedeutet, dass innerhalb dieser Grenzschicht große Dichte- und Temperaturgradienten auftreten. Die thermische Grenzschicht enthält im unteren Bereich der Flamme keine Wirbelstrukturen und verläuft etwa parallel zu der sichtbaren Flammenkontur. Die Brennstoffgrenzschicht unmittelbar über dem Tankrand ist ebenfalls durch eine hohe Streifendichte gekennzeichnet, welche durch den relativ kalten aufsteigenden Hexandampf ($T_{\text{Sd}} = 342$ K) verursacht wird. Hier treten Liniendichten von ca. 20 bis 40 Streifen pro Millimeter auf. Selbst wenn man einen Gesamtfehler von 30 % zuließe, müsste ΔS viel kleiner als 0.1 sein, was gleichzeitig bedeutet, dass der Fehler bei der Ortsbestimmung der Interferenzstreifen 1 μm nicht überschreiten dürfte. Eine derart hohe Genauigkeit beim Ausmessen und bei der Zuordnung der Interferenzstreifen kann zurzeit nicht erreicht werden und es wurde daher auf eine Auswertung innerhalb der Brennstoffgrenzschicht verzichtet.

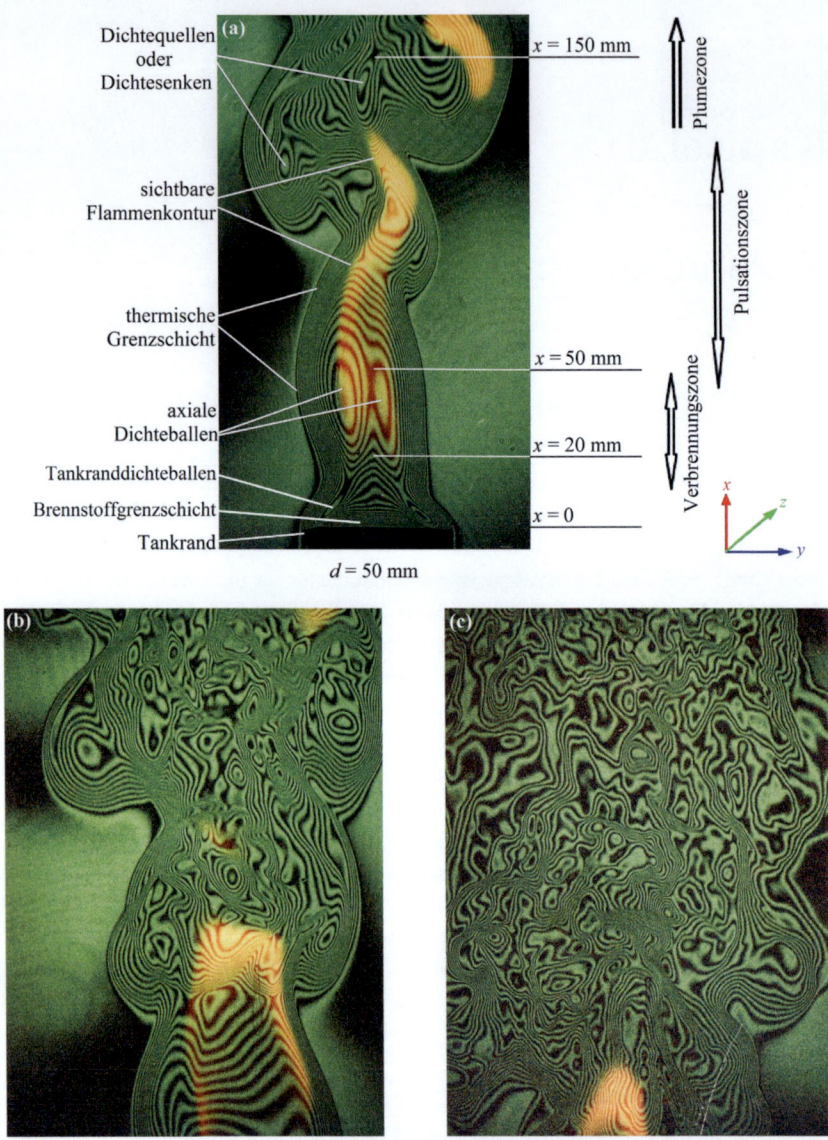

Abb. 6.1: Interferogramme einer Hexanflamme ($d = 50$ mm) überlagert mit der sichtbaren Flamme in verschiedenen Höhenbereichen über dem Tankrand **(a)** $0 < x < 160$ mm (Gawlowski et al., 2009b), **(b)** 220 mm $< x <$ 420 mm (Plumezone), **(c)** 440 mm $< x <$ 640 mm (Plumezone).

Des Weiteren sind axiale Dichteballen (interferometrische Ringstrukturen) zu erkennen, die entlang der Flammenachse aufsteigen. Diese werden in der Regel aus den sich ablösenden radialen Tankranddichteballen gebildet. Bestimmt man die Aufstiegsgeschwindigkeiten dieser axialen Dichteballen, kann indirekt auf die Strömungsgeschwindigkeit innerhalb der Flamme geschlossen werden. Diese Geschwindigkeiten können als Abschätzung für die Aufstiegsgeschwindigkeit der heißen Flammengase im Bereich der Verbrennungs- und Pulsationszone angesehen werden.

In weiter stromabwärts liegenden Bereichen (Abbn. 6.1b,c) wird hingegen eine Auffaltung der thermischen Grenzschicht, aufgrund der zunehmenden Turbulenz, festgestellt, die von starken Ausbauchungen und Einrollungen gebildet wird. In der thermischen Grenzschicht sind Mikrostrukturen zu erkennen, die aus mehreren eingelagerten Wirbelballen bestehen. Die Flamme selbst enthält zahlreiche weitere groß- und kleinskalige Wirbelstrukturen (sog. Dichtequellen oder -senken, je nachdem ob die Ringstrukturen sich ausdehnen oder schrumpfen) mit unterschiedlichen Wirbelgrößen, die chaotisch über das Flammenfeld verteilt sind. In diesen Bereichen ist eine Auswertung der $S(x,y)$-Profile mit der Abel Transformation (Abschnitt 3.3) aufgrund der großen Unsymmetrie des Flammenfeldes nicht möglich.

Im Anhang B sind weitere Interferogramme von Flammen unterschiedlicher Brennstoffe und Durchmesser sowie von nicht-reaktiven Helium- und heißen Luftausströmungen zu finden.

6.2 Simulation von Interferogrammen

Mit einer neuartigen Methode werden aus den CFD simulierten Spezieskonzentrationsfeldern (Abschnitt 6.6) und Dichtefeldern (Abschnitt 6.8) unter Berücksichtigung der radialen Ausdehnung der Flamme, Interferogramme mit der CFD Simulation vorhergesagt, die mit den experimentellen Interferogrammen direkt verglichen werden können.

Wie in Abschnitt 3.4 dargestellt, wird gewöhnlich aus den experimentell ermittelten Interferogrammen unter Berücksichtigung der Abel-Inversion und Gladstone-Dale-Gleichung auf die Dichte- und Temperaturprofile geschlossen. In diesem Abschnitt soll nun der umgekehrte Weg gezeigt werden, um erstmals experimentelle Interferogramme direkt mit simulierten Interferogrammen vergleichen zu können.

Mit der CFD Simulation werden transiente Dichtefelder sowie Spezieskonzentrationsfelder vorhergesagt. Durch Anwendung der Gladstone-Dale-Gleichung Gl. (3.9) wird mit den CFD-vorhergesagten Spezieskonzentrationen $\gamma_i(x,y,z,t)$ sowie den Flammengasdichten $\rho_\mathrm{m}(x,y,z,t)$ unter Berücksichtigung der spezifischen Standardrefraktion $N_{i,0}$ der einzelnen Spezies zunächst das Brechzahlfeld $n_\mathrm{m}(x,y,z,t)$ der Hexanflamme ermittelt

$$n_\mathrm{m}(x,y,z,t) = \frac{3}{2}\,\rho_\mathrm{m}(x,y,z,t)\frac{\sum_i \gamma_i(x,y,z,t)\,N_{i,0}}{\sum_i \gamma_i(x,y,z,t)} + 1\;. \tag{6.1}$$

In Abb. 6.2 ist das so vorhergesagte momentane Brechzahlfeld $n_\mathrm{m}(x,y,t)$ in einer Ebene von $z = 0$ dargestellt. Wie zu erkennen ist, treten in Bereichen unmittelbar über

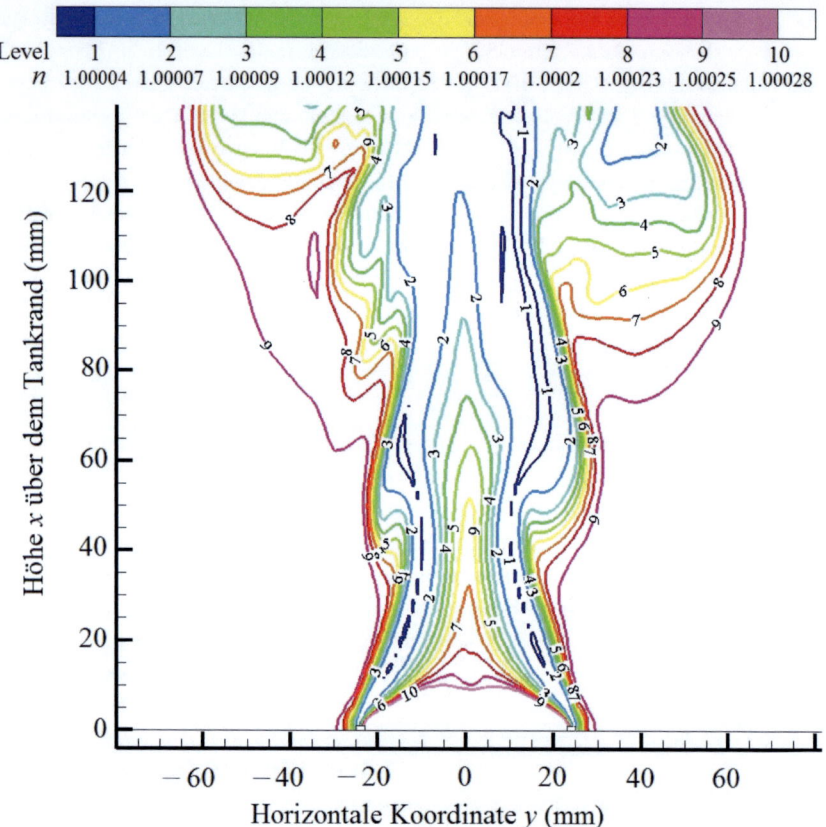

Abb. 6.2: Mit der CFD vorhergesagtes momentanes Brechzahlfeld $n_\mathrm{m}(x,y,t)$ der Hexanflamme (Isoliniendarstellung) bei $z = 0$.

dem Tankrand die größten Brechzahlen auf (Abb. 6.3). Dies liegt vor allem an der höheren Brechzahl des aufsteigenden Brennstoffdampfs ($n_\mathrm{C_6H_{14}} = 1.0015$) gegenüber der der Umgebungsluft ($n_\mathrm{Luft} = 1.00027$). Obwohl diese Brechzahldifferenz nur sehr gering ist ($\Delta n = 0.00123$), hat diese doch großen Einfluss auf die nachfolgende Berechnung der

6.2. SIMULATION VON INTERFEROGRAMMEN

Interferogramme und muss daher so genau wie möglich ermittelt werden. Schon kleine Änderungen der Brechzahl haben große Auswirkungen auf die Ermittlung der Interferenzstreifenordnung. Innerhalb der Flamme sind die Brechzahlen kleiner als die der Umgebungsluft, was auf das Auftreten von Abgasen und Pyrolyseprodukten sowie auf die hohen Flammentemperaturen zurückzuführen ist. Insbesondere in der dünnen Reaktionszone (thermischen Grenzschicht) sind große Gradienten der Brechzahl zu erkennen, welche in Bereichen von $0 < x < 70$ mm auftreten (Abb. 6.2). In Regionen $x > 70$ mm kommt es zu einer Auffaltung der thermischen Grenzschicht, was auch an den weniger steilen Brechzahlgradienten zu erkennen ist. Eine ausführliche Beschreibung und Diskussion der Brechzahlprofile erfolgt im Abschnitt 6.5.

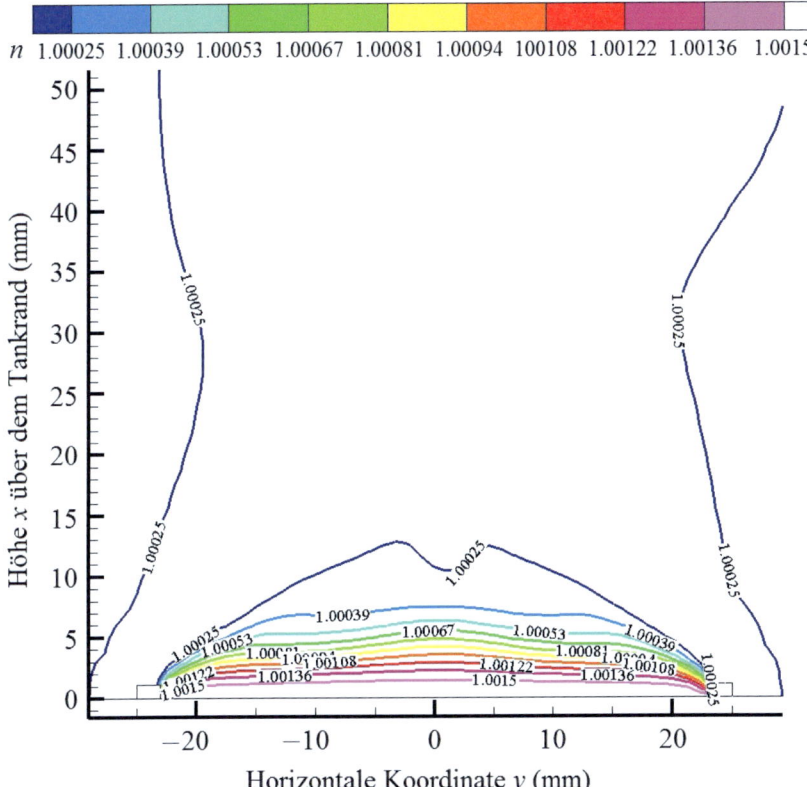

Abb. 6.3: Mit CFD vorhergesagtes momentanes Brechzahlfeld $n_m(x, y, t)$ bei $z = 0$ im Bereich der Brennstoffgrenzschicht ($0 < x < 10$ mm).

Um die Interferogramme $S(x, y, t)$ aus den vorhergesagten Brechzahlfeldern $n_m(x, y, z, t)$ ermitteln zu können, müssen in einem zweiten Schritt die Brechzahlfelder entlang der

z-Richtung (Lichtstrahlrichtung) über die gesamte radiale Flammenausdehnung $2z_\text{G}$ integriert werden. Dazu werden 100 x,y-Schnittebenen mit einem Abstand von $\Delta z = 0.75$ mm durch die Flamme gelegt und die Brechzahldifferenz von Flammengasen und Umgebungsluft $n_\text{m}(x,y,z,t) - n_\text{u}$ entlang der z-Richtung nach Gl. (3.4) integriert. Dies ist schematisch in den Abbn. 6.4a und 6.4b gezeigt.

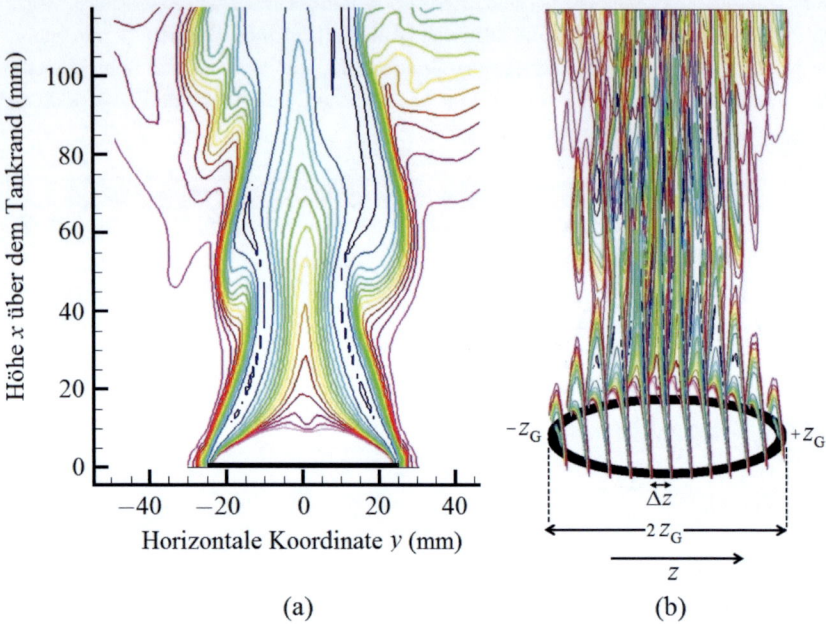

Abb. 6.4: Schematische Isoliniendarstellung **(a)** einer x,y-Schnittebene bei $z=0$ der Brechzahldifferenz $n_\text{m}(x,y,t) - n_\text{u}$ sowie **(b)** mehrerer x,y-Schnittebenen $n_\text{m}(x,y,\Delta z,t) - n_\text{u}$ im Abstand von Δz entlang der z-Richtung (Lichtstrahlrichtung).

Durch die Integration der Brechzahldifferenzen in den Schnittebenen entlang der z-Richtung wird das dreidimensionale, momentane Brechzahldifferenzenfeld $\Delta n(x,y,z,t)$ der Hexanflamme in ein zweidimensionales integriertes Interferenzstreifenfeld $S(x,y,t)$ transformiert. Das mit der Simulation so vorhergesagte Interferogramm ist in Abb. 6.5 dargestellt. Es treten Interferenzstreifenordnungen von $-22.5 < S < -0.5$ innerhalb der Flamme auf und $-0.5 < S < +55.5$ im Bereich des aufsteigenden Brennstoffdampfs (Abb. 6.6). Positive Werte der Interferenzstreifenordnung deuten daraufhin, dass in diesem Bereich ($n_\text{m} > n_\text{u}$) die Objektwelle der Vergleichswelle in der Phase nacheilt. Ein direkter Vergleich mit den Experimenten ist in dieser Region nicht möglich, da die dort vorliegende Interferenzstreifendichte das Auflösungsvermögen der Interferogramme aus den Experimenten übersteigt.

Da die Spezieskonzentrationen zeitaufgelöst vorhergesagt werden können, gehen keine In-

6.2. SIMULATION VON INTERFEROGRAMMEN

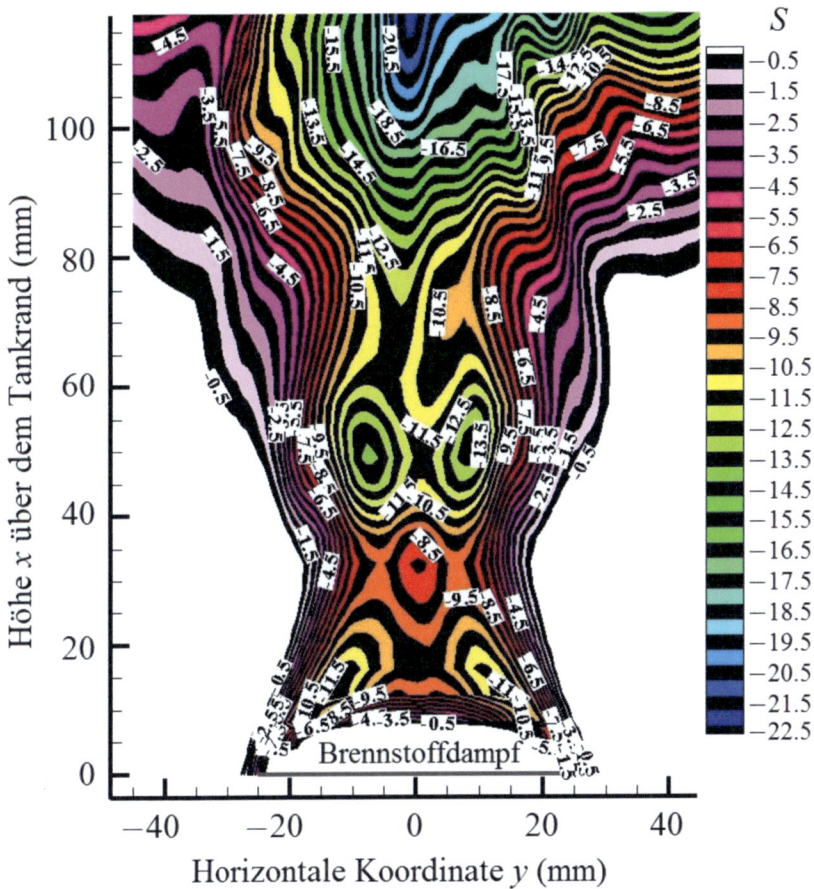

Abb. 6.5: Mit CFD vorhergesagtes momentanes Interferogramm $S(x,y,t)$ der Hexanflamme.

formationen über das instationäre Verhalten der Tankflamme verloren. Von (Schieß, 1986) wurden Interferogramme aus zeitlich-gemittelten GC-Messungen der Spezieskonzentrationsprofile berechnet, was jedoch zu einem zeitlich-gemittelten Interferogramm geführt hat.

Es ist zu beachten, dass die Interferenzstreifenordnung S von der durchstrahlten Weglänge z_G sowie zunächst von der Anzahl der Schnittebenen abhängig ist.

Um den geometrischen Einfluss auf die Interferenzstreifenordnung zu untersuchen, wurde eine Sensitivitätsanalyse durchgeführt. Dazu wurde die durchstrahlten Weglänge z_G Schrittweise vergrößert. Es hat sich gezeigt, dass eine Vergrößerung der Weglänge von z_G = 20 mm auf z_G = 40 mm zu einer Änderung von $\Delta S = -4$ führt und von z_G = 40 mm

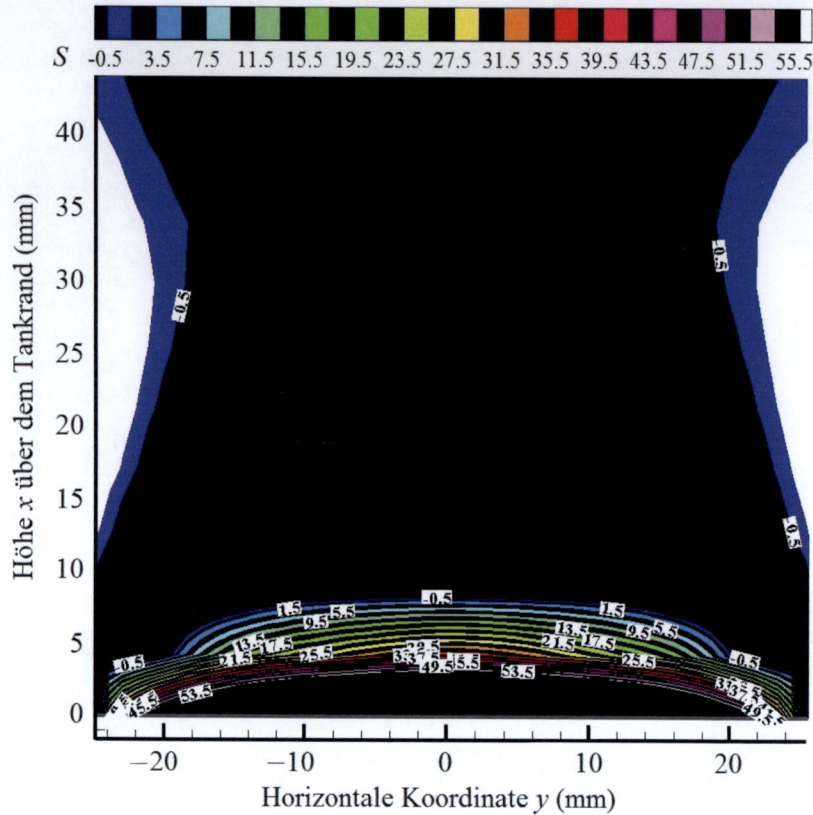

Abb. 6.6: Mit CFD vorhergesagtes momentanes Interferogramm $S(x,y,t)$ im Bereich der Brennstoffgrenzschicht ($0 < x < 10$ mm). Oberhalb der Brennstoffgrenzschicht wurde auf die Darstellung der Strukturen (s. Abb. 6.5) verzichtet.

auf $z_G = 60$ mm zu einer Änderung von $\Delta S = -1$. Ab einer durchstrahlten Weglänge von $z_G = 70$ mm bleibt die Interferenzstreifenordnung jedoch konstant. In der vorliegenden Arbeit wurde daher eine Weglänge von $z_G = 75$ mm (-37.5 mm $< z < +37.5$ mm) gewählt.

Ebenfalls wurde die Anzahl der Schnittebenen erhöht. Es wurde festgestellt, dass sich die größte Änderung von $\Delta S = -3$ bei einer Anzahl von 20 ($\Delta z = 3.75$ mm) zu 40 ($\Delta z = 1.875$ mm) Schnittebenen ergibt. Eine Konstanz der Interferenzstreifenordnung hat sich ab 75 Schnittebenen ($\Delta z = 1$ mm) gezeigt. In der vorliegenden Arbeit wurden daher 100 Schnittebenen ($\Delta z = 0.75$ mm) gewählt.

6.3 Digitales Auswerteverfahren der experimentellen Interferogramme

Zur Auswertung der experimentellen Interferogramme wurde ein neu entwickelter MATLAB© Code verwendet. Ziel der Auswertung war es zunächst von den real-time Interferogrammen, die exakten x, y-Koordinaten der Interferenzstreifenminima (dunkle Interferenzstreifen) und deren Interferenzstreifenordnung S zu ermitteln. In einem zweiten Schritt wird aus den real-time Interferogrammen ein zeitlich-gemitteltes Interferogramm berechnet, woraus zeitlich-gemittelte radiale Profile der Interferenzstreifenordnung $\bar{S}(r,x)$ erhalten werden.

Dazu werden die zuvor digitalisierten Interferogramme nach einer Methode von (Gonzales et al., 2004), die auf standardisierten Bildbearbeitungstechniken beruht, ausgewertet. Die einzelnen Schritte sind

- Registrierung der Interferogramme anhand des Tankrands (Referenzpunkt),
- Konvertierung der Interferogramme in Graustufen (8 bit / 256 Abstufungen),
- Durchführung eines adaptiv kontrastverstärkenden Grauausgleichs,
- Umwandlung in schwarz-weiß Abbildungen (1 bit),
- Durchführung einer Komponentenanalyse der Interferenzstreifen zur Bestimmung der Interferenzstreifenordnung,
- Sensivitätsanalyse zur Bestimmung des maximalen Fehlers bei der Ermittlung der radialen Koordinate der Interferenzstreifen.

Einige Interferogramme ($\approx 10\ \%$) bedurften einer manuellen Korrektur aufgrund der unauflösbaren Interferenzstreifendichte im Bereich der thermischen Grenzschicht. Die manuelle Korrektur bestand aus dem Vergleich von Interferogramm und digitalisierter Abbildung sowie dem Hinzufügen oder Löschen von Pixel, um geschlossene Interferenzstreifen zu erhalten, die mit den Streifen im Interferogramm übereinstimmen. Für jedes Interferogramm konnte mit Hilfe der Komponentenanalyse jedem Streifen eine feste Laufzahl zugeordnet werden. Diese Laufzahlen wurden in einem anschließenden Prozess in Interferenzstreifenordnungen umgewandelt, woraus sich die Interferenzstreifenprofile in verschiedenen Höhen über dem Tankrand ermitteln lassen. Eine Anzahl von insgesamt ca. 2000 Interferogrammen wurden mit dieser Methode ausgewertet, was einer Brenndauer der vollständig ausgebildeten Hexanflamme von ca. 4 s entspricht, bei einer Aufnahmefrequenz von 500 Bildern/s.

Nachfolgend werden die oben beschriebenen Schritte zur digitalen Auswertung näher ausgeführt.

Registrierung der Interferogramme anhand von Kontrollpunkten

Die Registrierung von Interferogrammen ist notwendig, da es sich um einen transienten Datensatz handelt. Bevor der Datensatz von Interferogrammen in Matlab© eingelesen werden kann, muss zunächst beispielhaft anhand eines Interferogramms die genaue Lage des Tankrands ermittelt werden. Dazu werden neben der Auswahl eines beliebigen Interferogramms und mit Hilfe der Funktionen *cpselect* und *cpcorr* die Koordinaten des Tankrands ermittelt. Der Tankrand erweist sich als markanter Kontrollpunkt für die Registrierung der Interferogramme, da dieser in jedem Interferogramm dieselben Koordinaten besitzt. Zur exakten Bestimmung der Koordinaten des Tankrands wird eine Laplace Filterfunktion (Gonzales *et al.*, 2004) zur verbesserten Bildschärfe des Interferogramms angewandt. Dieser verstärkt u. a. den Kontrast und die Farbintensität zwischen den schwarzen Interferenzstreifen und dem grünen Hintergrund der Interferogramme.

Konvertierung der Interferogramme in Graustufen

Die Umwandlung von Farb- in Graustufen erfolgt durch Anwendung der *rgb2gray*-Funktion. Die Farben rot, grün und blau werden gemäß ihren Anteilen gewichtet, dass zu den unterschiedlichen Intensitäten von 256 Graustufen führt. Da die Originalfarben auch in der Graustufendarstellung eine Kontrasterhöhung bewirken und im Bereich hoher Intensitäten falsche Helligkeitswerte liefern, muss auf der Basis der originalen Farbwerte eine eigene, dem Problem angepasste, Graustufenskala erstellt werden. Dazu muss zunächst die Originalfarbtabelle analysiert werden. MATLAB© bietet dafür die Funktion *rgbplot(map)*, die den Verlauf der drei Grundfarben in der Tabelle *map* zeichnet. Die Farbtabelle wird in MATLAB© als Matrix der Dimension (1:256,1:3) gehalten und kann wie jede Matrix bearbeitet werden. Eine anschließende *Gamma-Korrektur* dient zur Kontrastverstärkung im intensitätsarmen Bereich. Durch die modifizierte Farbtabelle ist die Bildwirkung verändert. Es ist jedoch ein guter Kompromiss zwischen Farb- und schwarz-weiß Darstellung erreicht, welcher für den nächsten Schritt der Bildverarbeitung notwendig ist.

Durchführung eines Kontrast verstärkenden adaptiven Grauwerteausgleichs

Dieses Verfahren zur Kontrastverbesserung analysiert zunächst die Häufigkeitsverteilung der Intensitätswerte (Histogramme) im zuvor in Graustufen umgewandelten Interferogramm und transformiert die Intensitäten so, dass eine Gleichverteilung über den gesamten Dynamikbereich entsteht. Das Verfahren ist insbesondere dann nützlich, wenn der verfügbare Dynamikbereich (8 Bit bei Graustufenbildern) vom Originalbild nicht oder nur sehr ungleichmäßig ausgenutzt wird. Die Histogramme der Intensitätswerte werden mit der *imhist* erstellt. Um einen mittleren Intensitätswert zu erhalten, werden die Histogramme aller Interferogramme aufsummiert und durch die Anzahl der analysierten Interferogramme geteilt, was zu einem mittleren Intensitätshistogramm führt. Diese gemittelte Intensitätsverteilung wird anschließend für die Auswertung der Interferogramme mit Hilfe der *histeq*-Funktion zur Normalisierung der Intensitätsverteilung der einzelnen Interferogramme verwendet. Diese Methode hat den Vorteil, dass dies ein standardisiertes

6.3. DIGITALES AUSWERTEVERFAHREN DER INTERFEROGRAMME

Verfahren zur Auswertung von digitalisierten Abbildungen ist und daher auch problemlos auf Interferogramme angewendet werden kann, ohne dass diese vorher näher analysiert werden müssen.

Umwandlung in binäre Abbildungen und Reduzierung von Bildartefakten

Die modifizierten Interferogramme werden von Graustufen in schwarz-weiß-Abbildungen mit der *im2bw*-Funktion transformiert, basierend auf einem zuvor manuell definierten Schwellenwert der Bildhelligkeit. Die mehr oder weniger verrauschten Graustufenabbildungen erzeugen bei der Umwandlung in binäre Abbildungen, isolierte Bildpixel (Artefakte) die für die spätere Auswertung der Interferenzstreifenprofile reduziert und entfernt werden müssen. Diese isolierten Bildpixel werden mit den Filterfunktionen *bwmorph*, *clean*, *fill*, *majority* und *thin* entfernt. Ein weiterer Filter *medfilt2* füllt den Zwischenraum von Interferenzstreifen, die während der Bildverarbeitung unterbrochen wurden, durch Hinzufügen von Pixel auf. Zur einfacheren Bearbeitung werden die nun schwarzen Interferenzstreifen in ihre Komplementärfarbe (weiß) mit der Funktion *imcomplement* umgewandelt.

Durchführung einer Komponentenanalyse von Interferenzstreifen zur Bestimmung der zeitlich-gemittelten Interferenzstreifenordnung

Zur Ermittlung der Interferenzstreifenordnung $S(x, y, t)$ müssen die Interferenzstreifen lokalisiert und markiert werden. Dies geschieht mit einer Komponentenanalyse, der so genannten *bwlabeln*-Funktion. Jeder Interferenzstreifen wird entsprechend seiner Interferenzstreifenordnung S farbig markiert und dessen x, y-Koordinaten in eine Datei geschrieben. Anschließend wird die radiale Position der Interferenzstreifen gleicher Interferenzstreifenordnung $S(+r)$ und $S(-r)$ aus allen Interferogrammen symmetrisiert und zeitlich-gemittelt, was zu den $\bar{S}(r)$-Profilen führt. Da die Interferenzstreifen eine radiale Ausdehnung Δr besitzen, wird zu exakten Ermittlung der radialen Position von $\bar{S}(r)$ der Mittelpunkt des jeweiligen Interferenzstreifens ausgewählt. In einem letzten Schritt müssen die auszuwertenden Höhen über dem Tankrand (z. B. $x = 20$ mm, 50 mm, 150 mm) definiert werden, so dass schließlich die $\bar{S}(r, x)$-Profile erhalten werden.

Sensivitätsanalyse zur Bestimmung des maximalen Fehlers bei der Ermittlung der radialen Koordinaten der Interferenzstreifen

Um die Genauigkeit bei der Ermittlung der radialen Koordinaten r der Interferenzstreifen zu untersuchen, wurde eine Sensitivitätsanalyse durchgeführt. Dazu wurden die Schwellenwerte bei der Konvertierung von Farb- zu Graustufen und der Kontrastbereich des Grauwerteausgleichs adaptiv variiert und deren Einfluss auf die Änderung der Interferenzstreifenposition Δr analysiert. Der Schwellenwert bei der Konvertierung von Farb- zu Graustufen wurde dabei um ± 15 % variiert und der des kontrastverstärkenden Grauwerteausgleichs um ± 20 %. Wie in (Jones & Kadakia, 1968) gezeigt wird, beruhen die Ungenauigkeiten bei der Ermittlung der radialen Interferenzstreifenposition r vor allem auf Artefakten und Rauschen im untersuchten Abtastinterval ΔL des Interferogramms.

Der maximale Fehler Δr im Abtastintervall von ΔL in radialer Richtung ergibt sich zu

$$\Delta r = \Delta L/2 \, , \quad (6.2)$$

wobei sich das Abtastintervall ΔL durch die Gesamtlänge des Abtastbereichs L und der Anzahl an Datenpunkten P_d ausdrücken lässt

$$\Delta L = L/P_\mathrm{d} \, . \quad (6.3)$$

Die Gesamtlänge L des Abtastbereichs ergibt sich näherungsweise aus der Anzahl der Interferenzstreifen N_I und dem Abstand zwischen den Interferenzstreifen D_I

$$L = N_\mathrm{I} \, D_\mathrm{I} \, . \quad (6.4)$$

Kombiniert man Gln. (6.2)-(6.4) und stellt den Fehler Δr in Abhängigkeit der verwendeten Wellenlänge λ des Lasers dar, kommt man zu folgendem Ausdruck

$$\Delta r = N_\mathrm{I} \, D_\mathrm{I}/(2 \, P_\mathrm{d} \lambda) \, . \quad (6.5)$$

Bei der Ermittlung der radialen Koordinate der Interferenzstreifen nach Gl. (6.5) wird in der vorliegenden Arbeit ein maximaler Fehler von $\Delta r = 0.367 \, \lambda$ festgestellt, mit einer Interferenzstreifenanzahl von $N_\mathrm{I} = 14$, einem mittleren Abstand zwischen den Interferenzstreifen von $D_\mathrm{I} = 3.4$ mm und einer Anzahl an Datenpunkten von $P_\mathrm{d} = 127466$. Unter Berücksichtigung von Gl. (3.13) und Δr in Gl. (6.5) ergibt sich somit ein maximaler Fehler bei der Ermittlung der Flammentemperatur von $\Delta T_\mathrm{m} = 25$ K, der durch die digitale Auswertung der Interferenzstreifen verursacht wird.

6.4 Vorhergesagte und gemessene Profile der Interferenzstreifenordnung

Für einen Vergleich von Simulation und Experiment werden radiale Profile der Interferenzstreifenordnung in verschiedenen Höhen über dem Tankrand herangezogen. Derartige transiente Profile können aus Experimenten ermittelt oder mit der in Abschnitt 6.2 gezeigten Methode der CFD Simulation vorhergesagt werden.
Die experimentellen und vorhergesagten Interferogramme werden zur anschließenden Auswertung zeitlich-gemittelt. Die daraus erhaltenen zeitlich-gemittelten radialen Profile der Interferenzstreifenordnung $\bar{S}(r,x)$ sind in Abb. 6.7 für die Verbrennungszone in der Höhe $x = 20$ mm, für die Pulsationszone $x = 50$ mm und für die Plumezone $x = 150$ mm über

6.4. VORHERGESAGTE UND GEMESSENE PROFILE DER INTERFERENZSTREIFENORDNUNG

dem Tankrand aufgetragen (s. a. Abb. 6.1). Dabei sind die Lagen der sichtbaren Flammenkonturen zu den jeweiligen $\bar{S}(r,x)$-Profilen durch senkrechte Striche gekennzeichnet. Die Ermittlung der Interferenzstreifenordnung ist von großem Interesse, da diese für die spätere Auswertung und Berechnung der Brechzahl- und Dichteprofile der experimentellen Interferogramme benötigt wird. In Abb. 6.7 ist zu erkennen, dass mit zunehmender

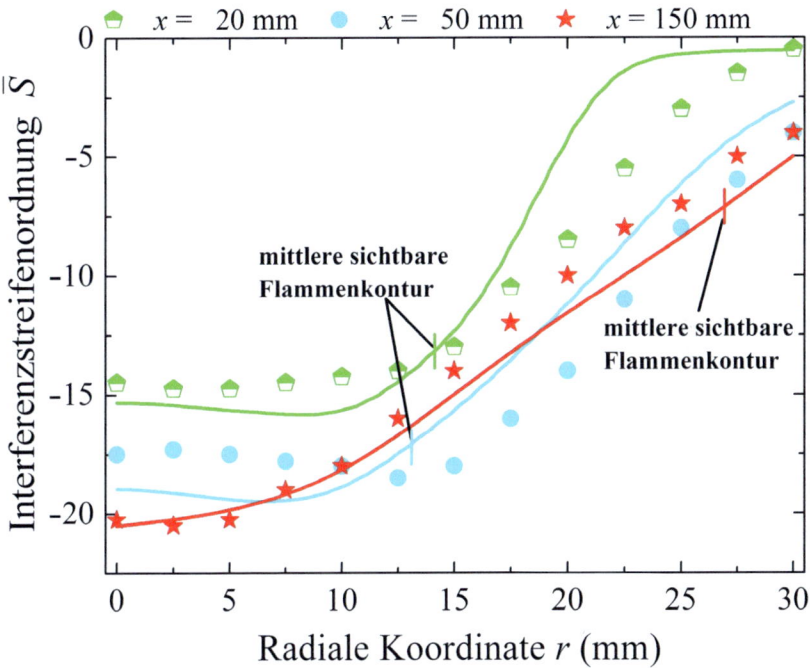

Abb. 6.7: CFD vorhergesagte (Kurven) und gemessene (Symbole) radiale Profile der Interferenzstreifenordnung in verschiedenen Höhen x über dem Tankrand.

Höhe über dem Tankrand die Interferenzstreifenordnung abnimmt und die Anzahl der Streifen zunimmt. Dies ist auf die vermehrte Anzahl an Dichtequellen (Bildung neuer Interferenzstreifen) und -senken (Verschwinden von bestehenden Interferenzstreifen), die vor allem in der Plumezone auftreten, zurückzuführen. Die Dichtequellen und -senken haben ihre Ursache in chemischen Reaktionen und physikalischen Transportprozessen, wodurch Temperatur- und Konzentrationsänderungen (vor allem in der Verbrennungs- und Pulsationszone) sowie geometrische Änderungen des Flammengasgemisches hervorgerufen werden (vor allem in der Plumezone). Die Bildung neuer Interferenzstreifen ist auf eine Temperaturzunahme in der Flamme zurückzuführen, während das Verschwinden von bestehenden Interferenzstreifen durch eine Temperaturabnahme in der Flamme bedingt ist. Weiterhin ist in Abb. 6.7 zu erkennen, dass die Werte der Interferenzstreifenordnung in einem Bereich $0 < r < 13$ mm für $x = 20$ mm und $x = 50$ mm nahezu konstant sind und mit zunehmendem radialen Abstand stark ansteigen, von $\bar{S} = -14.5$ auf $\bar{S} = -0.5$ bzw. $\bar{S} = -17.5$ auf $\bar{S} = -4.5$. Da sich bei beiden axialen Abständen die Lage der sichtbaren Flammenkontur etwa in der gleichen Region befindet $r \approx 13$ mm, ist der Anstieg der Interferenzstreifenordnung vor allem auf die zunehmenden Temperaturgradienten in diesem Bereich der thermischen Grenzschicht zurückzuführen. Im Interferogramm äußert sich diese Region als Bereich hoher Liniendichte. In der Plumezone sind die S-Gradienten dagegen weniger steil und das S-Profil verläuft flacher, da auch die thermische Grenzschicht weniger stark ausgeprägt ist. Es ist ein nahezu linearer Zusammenhang von Interferenzstreifenordnung und radialer Koordinate zu erkennen. Das Interferenzstreifenprofil ist hier aufgrund der starken Auswölbungen (Pilzbildung) vor allem durch die Änderung der effektiv durchstrahlten Weglänge z_G bestimmt.

Die experimentellen Ergebnisse werden mit der Simulation gut vorhergesagt. Die flachen Profile bei $x = 20$ mm und $x = 50$ mm in Nähe der Flammenachse sowie der Anstieg im Bereich der thermischen Grenzschicht werden mit der CFD Simulation qualitativ gut wiedergegeben. Noch besser werden die Profile in der Plumezone vorhergesagt. Hier haben die Spezieskonzentrationen einen geringeren Einfluss auf die Interferenzstreifenordnung, da die Flamme in dieser Region zum Großteil aus heißer Luft besteht. Die sehr gute Übereinstimmung der vorhergesagten und gemessenen Spezieskonzentrationsprofile bei x = 150 mm (s. Abb. 6.13 und Abb. 6.14) gilt ebenfalls für die vorhergesagten und gemessenen radialen Profile der Interferenzstreifenordnung.

6.5 Vorhergesagte und gemessene Brechzahlprofile

Zur Berechnung zeitlich-gemittelter Brechzahlprofile $\bar{n}_m(r,x)$ der Hexanflamme aus den zeitlich-gemittelten Gradienten der Interferenzstreifenordnung $\partial \bar{S}(x,y)/\partial y$ der experimentellen Interferogramme wird von der für radial-symmetrische Phasenobjekte gültigen Abel-Transformation ausgegangen

$$\bar{n}_m(r,x) - n_u = -\frac{\lambda}{\pi} \int_{y=r}^{d/2} \frac{\left[\frac{\partial \bar{S}(x,y)}{\partial y}\right]_x}{\sqrt{y^2 - r^2}} \, dy \ . \tag{6.6}$$

Zur Lösung der Integralgleichung (6.6) wurde ein numerisches Verfahren verwendet, das auf der Zonenmethode nach (Ladenburg et al., 1948) beruht (s. Abschnitt 3.3). Der Flammenradius $d/2$ in Gl. (6.6) wurde als der halbe Abstand zwischen den beiden äußeren dunklen Interferenzstreifen mit jeweils $S = -1/2$ definiert. Schließlich muss in Gl. (6.6) noch die Brechzahl der Umgebungsluft n_u bei Umgebungstemperatur T_u und Umgebungsdruck p_u bei einer bestimmten Luftfeuchte aus Messungen ermittelt werden.

Zur Vorhersage der Brechzahlprofile mit CFD wird folgende Beziehung verwendet

6.5. VORHERGESAGTE UND GEMESSENE BRECHZAHLPROFILE

$$\bar{n}_\mathrm{m}(x,y,z) = \frac{3}{2}\bar{\rho}_\mathrm{m}(x,y,z) \frac{\sum_i \bar{\gamma}_i(x,y,z) N_{i,0}}{\sum_i \bar{\gamma}_i(x,y,z)} + 1 \; . \tag{6.7}$$

Da mit der CFD Simulation nicht direkt die Brechzahlfelder vorhergesagt werden können, müssen zunächst die zeitlich-gemittelten Dichte- $\bar{\rho}_\mathrm{m}(x,y,z)$ und Spezieskonzentrationsfelder $\bar{\gamma}_i(x,y,z)$ berechnet werden. Die Auswertung der Brechzahlprofile erfolgt mit dem Postprozessor Tecplot360©. In diesem Postprozessor werden die zeitlich-gemittelten Werte der Flammengasdichte und Spezieskonzentrationen exportiert und durch Hinzuziehen von Gl. (6.7) in Brechzahlfelder $\bar{n}_\mathrm{m}(x,y,z)$ transformiert. In der x,y-Ebene bei $z=0$ werden die Brechzahlprofile $\bar{n}_\mathrm{m}(r,x)$ in verschiedenen Höhen über dem Tankrand dargestellt und mit den Experimenten verglichen.

Die sich aus dem Experiment und der CFD Simulation ergebenden Brechzahlprofile $\bar{n}_\mathrm{m}(r,x)$ des Flammengasgemisches sind in Abb. 6.8 für die Höhen $x=20$ mm, $x=50$ mm und $x=150$ mm über dem Tankrand dargestellt. Der jeweils starke Abfall der

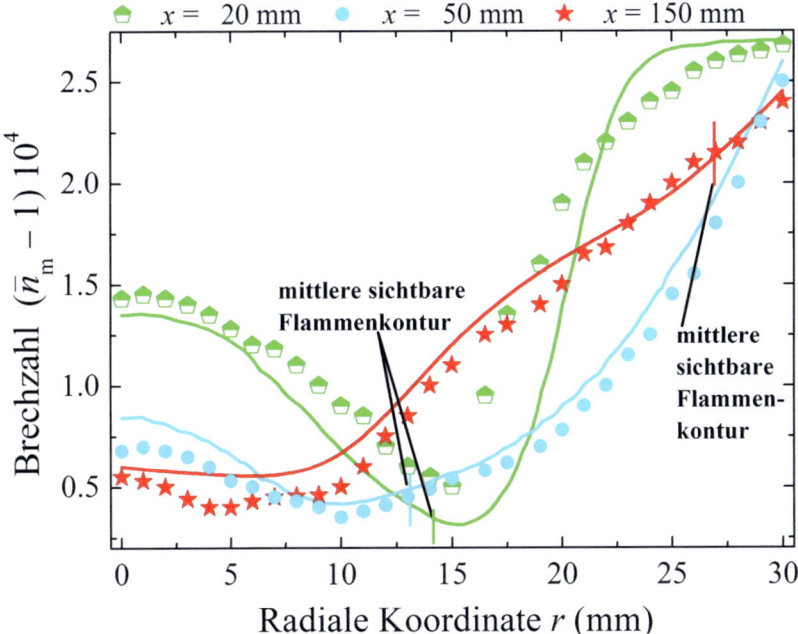

Abb. 6.8: CFD vorhergesagte (Kurven) und gemessene (Symbole) radiale Brechzahlprofile in verschiedenen Höhen x über dem Tankrand.

Brechzahl innerhalb der thermischen Grenzschicht 13 mm $< r <$ 30 mm für $x=20$ mm

und $x = 50$ mm bis zu den absoluten Brechzahlminima von $\bar{n}_{m,min} \approx 0.5 \cdot 10^{-4}$ bzw. $\bar{n}_{m,min} \approx 0.35 \cdot 10^{-4}$, welche relativ genau mit den mittleren sichtbaren Flammenkonturen zusammenfallen, ist hauptsächlich auf den Temperaturanstieg in der Umgebung der als leuchtenden Flammenkontur auftretenden Verbrennungszone zurückzuführen. Aus den gaschromatographischen Untersuchungen (Abschnitt 6.6) wird nachfolgend ersichtlich, dass in der thermischen Grenzschicht ein der Zusammensetzung der Luft ähnliches Flammengasgemisch mit nur geringen Anteilen an Abgasen vorliegt. Innerhalb der sichtbaren Flammenkontur $r < 13$ mm wird das Brechzahlprofil teils durch den Temperatureinfluss und teils durch den Konzentrationseinfluss des Flammengasgemisches bestimmt. Bei $x = 150$ mm verläuft dagegen das Brechzahlprofil flacher und das Brechzahlminimum $\bar{n}_{m,min} \approx 0.5 \cdot 10^{-4}$ ist über eine radiale Ausdehnung von 0 mm $< r < 10$ mm relativ konstant. Die maximale radiale Ausdehnung der sichtbaren Flamme liegt bei $r = 27$ mm, welches einer Brechzahl von $\bar{n}_m \approx 2.05 \cdot 10^{-4}$ entspricht. Im Gegensatz zu $x = 20$ mm und $x = 50$ mm korrelieren in der Plumezone die Brechzahlminima nicht mit der maximalen radialen Ausdehnung der sichtbaren Flamme. Dieses Phänomen war auch schon bei den Profilen der Interferenzstreifenordnung zu beobachten.

Die aus dem Experiment berechneten und mit der CFD vorhergesagten Brechzahlprofile zeigen in allen Höhen über dem Tankrand eine gute Übereinstimmung. Abweichungen zwischen Experiment und Simulation können insbesondere durch die unterschiedlichen Methoden bei der Ermittlung der Brechzahlprofile entstehen. Während sich Fehler bei Abel-Transformation durch die verwendete Zonenmethode ergeben sowie durch Vereinfachungen in der Lorentz-Lorenz-Gleichung, ist bei der CFD Simulation die korrekte Vorhersage der Spezieskonzentrationen durch das verwendete Verbrennungsmodell von Bedeutung. Es muss daher überprüft werden, ob ein aufwendigeres Verbrennungsmodell, z. B. Flamelet-Modell, zu einer noch genaueren Vorhersage der Spezieskonzentrationen führt.

6.6 Spezieskonzentrationsprofile

6.6.1 Vorhergesagte und gemessene radiale Spezieskonzentrationsprofile

In diesem Abschnitt werden die gemessenen und vorhergesagten Spezieskonzentrationsprofile zusammen mit der sichtbaren Flammenkontur diskutiert. In den Abbn. 6.9 - 6.14 sind die zeitlich-gemittelten radialen Volumenanteile $\bar{\bar{\gamma}}_i$ der stabilen Spezies in verschiedenen Höhen $x = 20$ mm (Verbrennungszone), $x = 50$ mm (Pulsationszone) und $x = 150$ mm (Plumezone) über dem Tankrand dargestellt. Die Symbole kennzeichnen jeweils die Messpunkte und die Kurven die mit der CFD vorhergesagten Spezieskonzentrationsprofile.

6.6. SPEZIESKONZENTRATIONSPROFILE

Die GC-Messungen waren so gut optimiert und mit definierten Eichgaszusammensetzungen kalibriert (innerhalb des gesamten Konzentrationsbereichs), dass der Fehler in der Spezieskonzentrationsmessung im Größenbereich von $\Delta \bar{\tilde{\gamma}}_i = \pm\, 5$ Vol. % liegt.

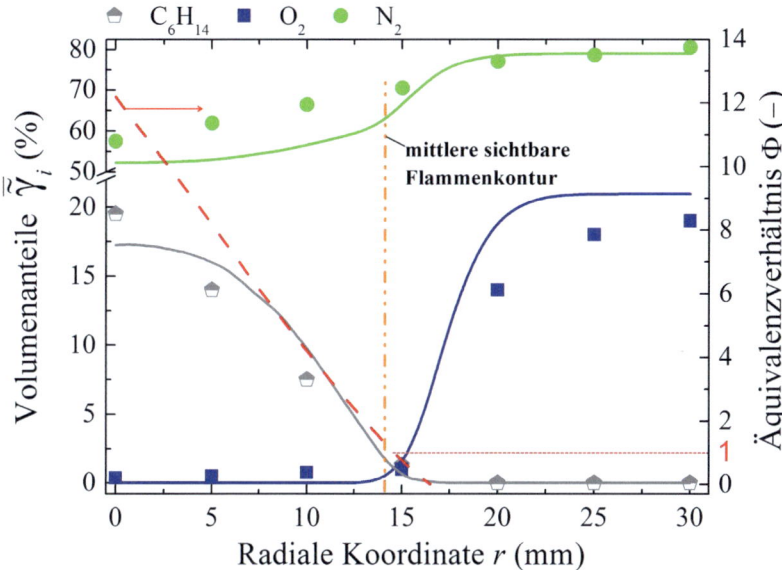

Abb. 6.9: CFD vorhergesagte (Kurven) und gemessene (Symbole) radiale Profile der Spezieskonzentration von Brennstoff sowie Umgebungsluft N_2/O_2 mit zugehörigem Äquivalenzverhältnis-Profil bei $x = 20$ mm.

Wie aus Abb. 6.9 hervorgeht, finden in der Verbrennungszone die Hauptreaktionen der Verbrennung statt. Dies bedeutet, dass ein Großteil an n-Hexan bereits in die Verbrennungsprodukte CO_2 und H_2O umgewandelt ist. Selbst auf der Flammenachse findet man nur noch ≈ 20 Vol. % n-Hexan und bereits 57 Vol. % Stickstoff, was auf eine recht starke Vermischung des aufsteigenden Brennstoffdampfs mit dem Luftstickstoff schließen lässt. Ebenfalls können an der Flammenachse bereits schon Crackgase, wie z. B. H_2 und C_2H_4 sowie 14 Vol. % Abgase (5.5 Vol. % CO_2 und 8.5 Vol. % H_2O) identifiziert werden, die aufgrund ihres großen Einflusses auf die spezifischen Refraktion des Flammengasgemisches $\bar{N}_m$ für die spätere Ermittlung von Flammentemperaturen, berücksichtigt werden müssen (s. Abb. 6.10). Als Beispiel typischer Crackgase wurden C_2H_4 und H_2 stellvertretend für die übrigen Crackgase wie, z. B. C_2H_6, C_2H_2, C_6H_6 ausgewählt, da H_2 und C_2H_4 gegenüber den übrigen Crackgasen in deutlich höheren Konzentrationen vorliegen. Besonders bei der Modellierung der Rußbildung ist es wichtig, diese Crackgase so gut wie möglich zu ermitteln, da C_2H_2 und C_2H_4 als Rußvorläufer gelten (Warnatz et al., 2001). Das Auftreten von molekularem Wasserstoff ist teilweise auf die unvollständig verlaufende Oxidationsre-

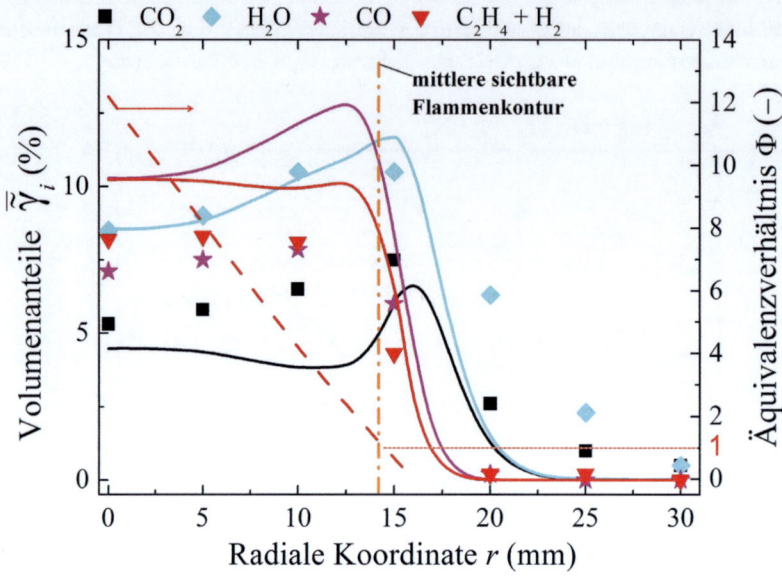

Abb. 6.10: CFD vorhergesagte (Kurven) und gemessene (Symbole) radiale Profile der Spezieskonzentration der Abgase CO, CO_2 und H_2O sowie der gasförmigen Pyrolyseprodukte H_2 und C_2H_4 mit zugehörigem Äquivalenzverhältnis-Profil bei $x = 20$ mm.

aktion und teilweise auf Pyrolysereaktionen zurückzuführen. Der Übersicht halber werden in den folgenden Abbildungen die beiden Crackgase zusammengefasst dargestellt. Die nur sehr geringen Sauerstoffkonzentrationen $\tilde{\gamma}_{O_2} \approx 0.3$ Vol. % im Bereich von $0 < r < 10$ mm können so erklärt werden, dass sich der mit dem Luftstickstoff zuströmenden Sauerstoff vollständig in einer dünnen Flammenhaut im Bereich der sichtbaren Flammenkontur umsetzt. Bei $r = 14$ mm fallen die maximale radiale Ausdehnung der sichtbaren Flammenkontur und die Lage der stöchiometrischen Verbrennung $\Phi = 1$ zusammen. Des Weiteren ist zu erkennen, dass die größten Konzentrationsgradienten $d\tilde{\gamma}_{CO_2}/dr$ und $d\tilde{\gamma}_{H_2O}/dr$ im Bereich von $\Phi = 1$ liegen und dort auch deren Konzentrationsmaxima auftreten ($\tilde{\gamma}_{CO_2,max}$ = 7.5 Vol. % und $\tilde{\gamma}_{H_2O,max} = 12$ Vol. %).

Die vorhergesagten Spezieskonzentrationsprofile geben die überwiegenden GC-Messungen recht gut wieder. Es ist jedoch zu erkennen, dass mit der CFD eine deutlich höhere Stickstoffkonzentration im Bereich $0 < r < 15$ mm vorhergesagt wird, was auf ein geringeres Entrainment von Umgebungsluft sowie einen weniger fortgeschrittenen Verbrennungsverlauf hindeutet. Dieser Umstand kann u. a. an der Modellierung der Turbulenz im Bereich der Flammenachse liegen, welche zu gering vorhergesagt wird. Des Weiteren werden wahrscheinlich die Varianzen des Mischungsbruchs unterschätzt, da bei der Bilanzierung der Varianz des Mischungsbruchs der Einfluss der Brennstoffverdampfung vernachlässigt wurde. Wie in Abschnitt 5.2.1.2 beschrieben dämpfen die Subgrid-Modelle die turbulenten Eigenschaften der Strömung. Möglicherweise führt die dämpfende Wirkung des Subgrid-Turbulenzmodells zur Abschwächung von Geschwindigkeitsspitzen, die sonst zu einer Erhöhung der Turbulenz beitragen würden. In zukünftigen Simulationen müsste dieser Dämpfungseffekt mit einer noch feineren Gitterauflösung in diesem Bereich der Flamme behoben werden.

Die größten Abweichungen von Experiment und Simulation treten bei den Pyrolyse- und Kohlenstoffmonoxidkonzentrationen auf. In Abb. 6.10 ist zu erkennen, dass die Simulation die Pyrolyseprodukte H_2 und C_2H_4 um den Faktor 2 und die Kohlenstoffmonoxidkonzentration um den Faktor 1.5 im Bereich $0 < r < 10$ mm überschätzt werden. Diese Zwischenprodukte können mit der CFD Simulation nur unzureichend vorhergesagt werden, was u. a. an dem verwendeten Verbrennungsmodell liegen könnte. Die Ursache hierfür ist begründet in der simplifizierten empirischen Beschreibung der chemischen Reaktionen in Abschnitt 5.2.2.2. Hingegen zeigen die Abgaskonzentrationen von H_2O und CO_2 gute Übereinstimmung mit den Experimenten. Ebenfalls wird die Lage der Konzentrationsmaxima der verschiedenen Spezies in Abb. 6.9, welche im Bereich der maximalen radialen Ausdehnung der sichtbaren Flammenkontur ($r = 14$ mm) liegt, sehr gut mit CFD vorhergesagt.

Im Gebiet der Pulsationszone $x = 50$ mm setzt sich der Brennstoff bis auf eine Konzentration von $\tilde{\gamma}_{C_6H_{14}} \approx 10$ Vol. % an der Flammenachse um, wie aus Abb. 6.11 hervorgeht. Die brennstoffreiche Region ($\Phi > 1$) hat eine geringere radiale Ausdehnung $\Delta r \approx 10$ mm als die in der klaren Verbrennungszone und die Lage der stöchiometrischen Verbrennung $r = 10$ mm verschiebt sich in Richtung der Flammenachse. Aufgrund der Abnahme an Brennstoffkonzentration mit zunehmender Höhe über dem Tankrand wird mehr Luftsauerstoff in die Flamme eingesaugt und gelangt weiter innerhalb der Flamme $r = 10$ mm, wo dieser ebenfalls in einer dünnen Flammenhaut vollständig verbraucht wird. Die maximale radiale Ausdehnung der sichtbaren Flamme $\Delta r = 12$ mm geht über die Lage der stöchiometrischen Verbrennung $r = 10$ mm hinaus. Die Flamme enthält bereits einen Großteil an Stickstoff ≈ 60 Vol. % an der Flammenachse, wobei mit zunehmendem radialen Abstand das N_2/O_2-Verhältnis immer mehr die Zusammensetzung der Umgebungsluft annimmt. Ab $r > 20$ mm besteht die Zusammensetzung der Flammengase nahezu aus heißer Luft. Die gemessenen und vorhergesagten Profile der Spezieskonzentrationen sind in guter Übereinstimmung, lediglich in Nähe der Flammenachse treten kleinere Abweichungen auf.

Die radialen Konzentrationen der Abgase H_2O, CO_2, CO und der Crackprodukte H_2 und C_2H_4 nehmen in radialer Richtung zu und erreichen ihr Maximum zwischen 5 mm $< r$ < 10 mm, wie aus Abb. 6.12 deutlich wird. Der größte Teil an Hexan reagiert zwar im Bereich der Flammenhaut $r \approx 10$ mm mit Sauerstoff, ein geringer Teil unterliegt jedoch einer pyrolitischen Zersetzung in achsnahen Bereichen, was die hohen Konzentrationen an H_2 und C_2H_4 von ≈ 9 Vol. % erklärt. Das Vorliegen von CO in diesem Bereich lässt des Weiteren auf eine unvollständige Verbrennung schließen. Wiederum wird deutlich, dass

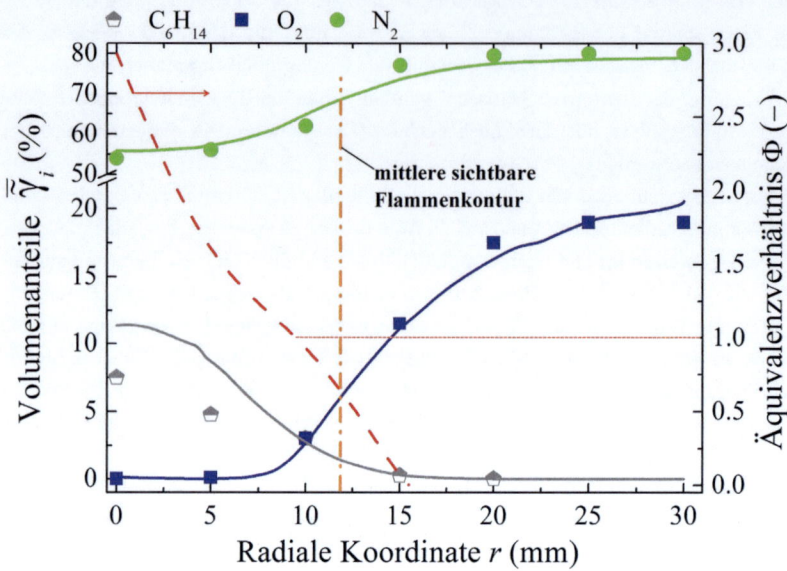

Abb. 6.11: CFD vorhergesagte (Kurven) und gemessene (Symbole) radiale Profile der Spezieskonzentration von Brennstoff sowie Umgebungsluft N_2/O_2 mit zugehörigem Äquivalenzverhältnis-Profil bei $x = 50$ mm.

die CO-, H_2-, C_2H_4-Konzentration höher als in den Experimenten vorhergesagt wird. In der Plumezone $x = 150$ mm, ist der Brennstoff n-Hexan bis auf wenige 0.5 Vol. % an der Flammenachse abgebaut (Abb. 6.13).

Das Äquivalenzverhältnis liegt, im Bereich der gesamten radialen Ausdehnung der Flamme, deutlich im brennstoffarmen Bereich $\Phi < 0.5$. Selbst an der Flammenachse liegt bereits eine Stickstoffkonzentration von $\tilde{\gamma}_{N_2} \approx 72$ Vol. % vor. Die mittlere sichtbare Flammenkontur hat gegenüber $x = 20$ mm und $x = 50$ mm hier ihre größte radiale Ausdehnung $\Delta r = 27$ mm. Aufgrund des geringen Angebots an brennbaren Gasen finden in dieser Region zumeist turbulente Durchmischungsvorgänge der Flamme mit Umgebungsluft statt. Eine der wenigen Reaktionen, die in der Plumezone stattfinden, ist die exotherme Oxidation von CO zu CO_2 (Abb. 6.14). Die restlichen Mengen an Pyrolyseprodukten, wie H_2 und C_2H_4, werden hier umgesetzt und erreichen dort Konzentrationen $\tilde{\gamma}_{H_2+C_2H_4} < 2.5$ Vol. %. Weiterhin ist keine Korrelation zwischen der Lage der maximalen radialen Ausdehnung der sichtbaren Flamme und der maximalen Abgaskonzentrationen, wie bei $x = 20$ mm und $x = 50$ mm, mehr zu erkennen. Mit guter Näherung kann die Zusammensetzung der Flammengase in der Plumezone als heiße Luft betrachtet werden, wie aus Abb. 6.13 hervorgeht.

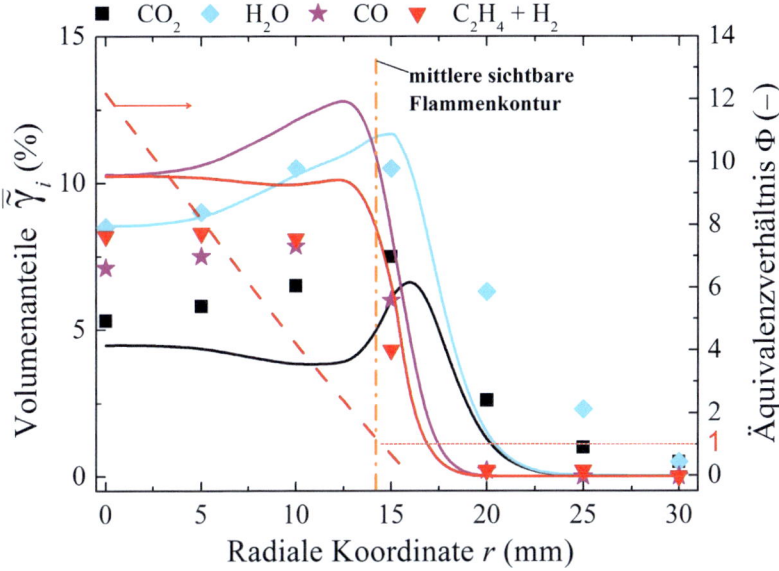

Abb. 6.12: CFD vorhergesagte (Kurven) und gemessene (Symbole) radiale Profile der Spezieskonzentration der Abgase CO, CO_2 und H_2O sowie der gasförmigen Pyrolyseprodukte H_2 und C_2H_4 mit zugehörigem Äquivalenzverhältnis-Profil bei $x = 50$ mm.

Die gemessenen und vorhergesagten Spezieskonzentrationsprofile stimmen auch hier gut überein, wobei die vorhergesagten CO-, H_2- und C_2H_4-Konzentrationen im Bereich der Flammenachse wiederum überschätzt werden.

6.6.2 Vorhergesagte und gemessene axiale Spezieskonzentrationsprofile

In Abb. 6.15 und 6.16 sind axiale Profile der Spezieskonzentrationen von Brennstoff, Verbrennungs- und Pyrolyseprodukten sowie Umgebungsluft entlang der Flammenachse dargestellt. Selbst unmittelbar über dem Tankrand $x \approx 0$ findet man nur noch ≈ 70 Vol. % n-Hexan und bereits ≈ 20 Vol. % Stickstoff. Dies bedeutet, dass schon hier eine starke Durchmischung von aufsteigendem Brennstoffdampf und Umgebungsluft stattfindet, welche durch Rezirkulationszonen über der Brennstoffoberfläche entstehen. Aus Abb. 6.16 ist außerdem zu erkennen, dass 3 Vol. % Crackgase (H_2 und C_2H_4) sowie 7.5 Vol. % Abgase (2 Vol. % CO_2, 3.5 Vol. % H_2O und 2 Vol. % CO) auftreten. Aufgrund der noch geringen Flammentemperaturen in dieser Region $T \approx 373$ K kann noch keine Pyrolyse des Brennstoffs eintreten, so dass die Pyrolyseprodukte durch Konvektion und Diffusion dorthin gelangen sollten.

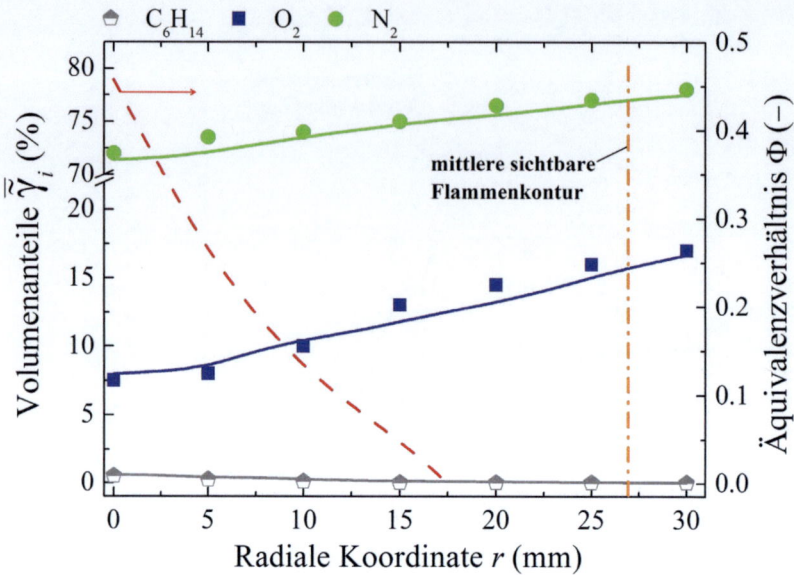

Abb. 6.13: CFD vorhergesagte (Kurven) und gemessene (Symbole) radiale Profile der Spezieskonzentration von Brennstoff sowie Umgebungsluft N_2/O_2 mit zugehörigem Äquivalenzverhältnis-Profil bei $x = 150$ mm.

Im Bereich $0 < x < 100$ mm setzt sich der Brennstoff n-Hexan bis auf eine Konzentration von 1.5 Vol. % um, wie in Abb. 6.15 dargestellt wird. Der zuströmende Luftsauerstoff wird im gesamten Bereich fast vollständig, in einer von der Flammenachse entfernten dünnen Flammenhaut, verbraucht, so dass die O_2-Konzentration erst ab $x = 60$ mm über 1 Vol. % ansteigt und bei $x = 100$ mm etwa 8 Vol. % beträgt. Dagegen steigt die N_2-Konzentration in diesem Bereich am stärksten an, nämlich von 20 Vol. % auf 70 Vol. %. Die N_2-Konzentration stellt ebenfalls ein Maß für das Luft-Entrainment in die Flamme dar.

Die Abgaskonzentrationen H_2O, CO_2 und CO nehmen mit zunehmender Höhe über dem Tankrand zu und erreichen alle ein Maximum bei etwa $x = 40$ mm, nämlich 12 Vol. % Wasserdampf, 6.4 Vol. % CO_2 und 4.3 Vol. % CO (Abb. 6.16). Die Abgaszunahme erfolgt dabei um den Faktor 3.5 und liegt in der gleichen Größenordnung wie die der Stickstoffkonzentration. Im gleichen Bereich nimmt dagegen die Hexankonzentration um den Faktor 47 ab. Die starke Abnahme des Brennstoffs deutet darauf hin, dass der Brennstoff zum einen durch oxidative Verbrennung und zum anderen durch thermische Pyrolyse (s. Anstieg der ($H_2 + C_2H_4$)-Konzentration) abgebaut wird. In der Plumezone $x > 100$ mm werden die restlichen sehr geringen Mengen an Brennstoff n-Hexan von 1.5 Vol. % zwischen dem Ende der Pulsationszone und der breitesten Stelle der sichtbaren Flamme bei

6.6. SPEZIESKONZENTRATIONSPROFILE

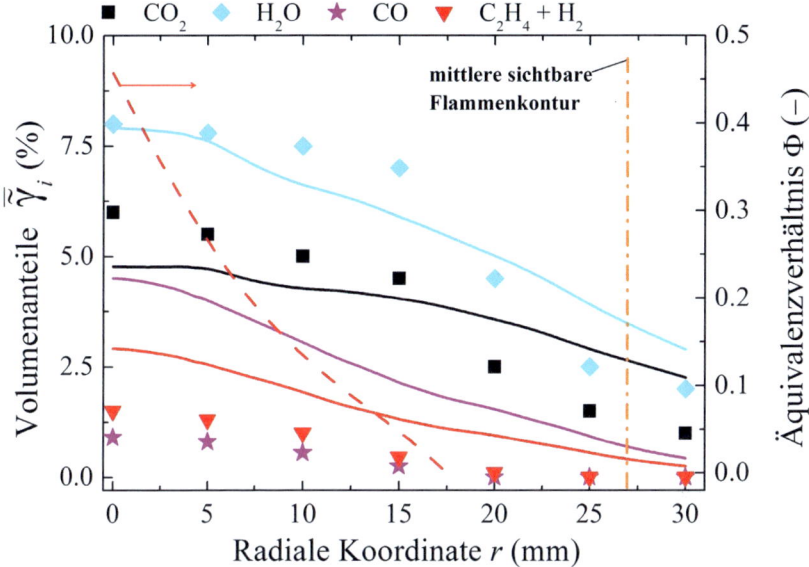

Abb. 6.14: CFD vorhergesagte (Kurven) und gemessene (Symbole) radiale Profile der Spezieskonzentration der Abgase CO, CO_2 und H_2O sowie der gasförmigen Pyrolyseprodukte H_2 und C_2H_4 mit zugehörigem Äquivalenzverhältnis-Profil bei $x = 150$ mm.

$x = 150$ mm umgesetzt. Innerhalb dieser Region steigt die O_2-Konzentration von 6 Vol. % auf 12 Vol. %, während die N_2-Konzentration von 70 Vol. % auf 74 Vol. % zunimmt. Der starke Anstieg der O_2-Konzentration ist darauf zurückzuführen, dass nur noch ein geringes Angebot an Brennstoff zur Verfügung steht und in diesem Bereich Luft durch turbulente Mischungsvorgänge in die Flamme eingesaugt wird. Die restlichen Mengen an Pyrolyseprodukten werden bis $x = 150$ mm umgesetzt und erreichen dort Konzentrationen von < 5 Vol. %. In größeren Höhen über dem Tankrand befinden sich also nur noch geringe Mengen an Crackgasen. Zusammenfassend lässt sich erkennen, dass im Gebiet der Plumezone die Hexanflamme im Wesentlichen aus heißer Luft mit geringen Mengen an Abgasen und Pyrolyseprodukten besteht. Dabei finden keine chemischen Reaktionen mehr statt, die zu nennenswerten Konzentrationsänderungen führen.

Die allgemeine Übereinstimmung zwischen den GC-Messungen und der CFD Simulation kann als gut bewertet werden. Die wesentlichen Merkmale, wie Lage der Konzentrationsmaxima der Spezies oder die Gradienten der Spezieskonzentrationen, können mit CFD gut abgebildet werden. Lediglich die CO-Konzentrationen werden mit CFD überschätzt und die H_2O-Konzentrationen unterschätzt. Auffällig ist hier, dass die axialen Konzentrationen der Pyrolyseprodukte, im Gegensatz zu den radialen Profilen, von Experiment und Simulation gut übereinstimmen.

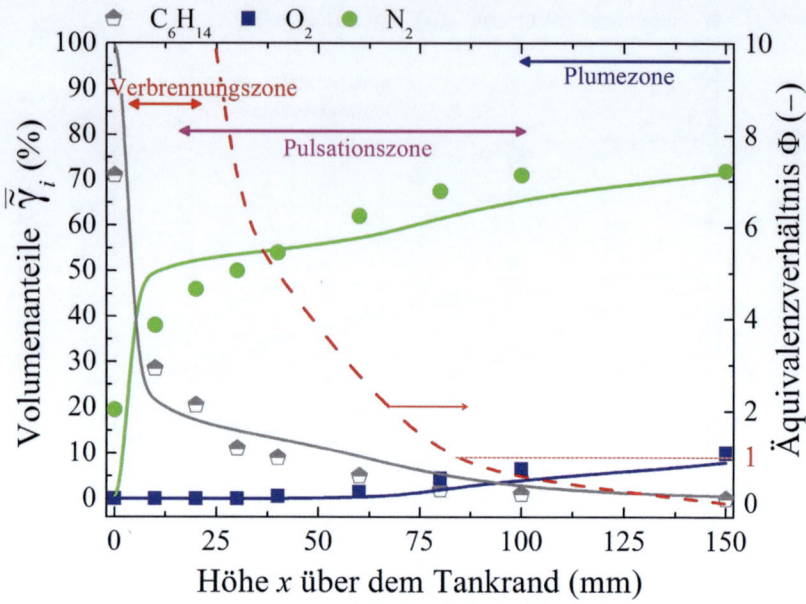

Abb. 6.15: CFD vorhergesagte (Kurven) und gemessene (Symbole) axiale Profile der Spezieskonzentration von Brennstoff sowie Umgebungsluft N_2/O_2 mit zugehörigem Äquivalenzverhältnis-Profil entlang der Flammenachse.

6.7 Profile der spezifischen Refraktion

6.7.1 Vorhergesagte und gemessene radiale Profile der spezifischen Refraktion

Aus Gl. (3.10) wird ersichtlich, dass die spezifische Refraktion des Flammengasgemisches $\tilde{N}_m$ abhängig von der Spezieskonzentration $\bar{\tilde{\gamma}}_i$ und deren spezifischer Standardrefraktion $N_{i,0}$ ist (s. Tab. 3.1). Die spezifische Refraktion eines aus i Komponenten bestehenden Flammengasgemisches lässt sich additiv aus den der einzelnen Spezieskonzentrationen, multipliziert mit deren spezifischer Standardrefraktion, berechnen. Die Wellenlängenabhängigkeit der spezifischen Refraktion des Systems n-Hexan/Luft ist äußerst gering. Hierdurch beträgt die tatsächliche Meßgröße nur etwa 1 % der im Interferogramm sichtbaren Phasenverschiebung (Mayinger & Panknin, 1978). Dies entspricht in Nähe der Flammenachse, wo die geringsten Interferenzstreifenordnungen S auftreten, einer maximalen Meßgröße von 0.3 Interferenzstreifen. Um die Interferogramme dennoch auswerten zu können, wird eine äußerst präzise Bestimmung der Streifenposition nötig.

6.7. PROFILE DER SPEZIFISCHEN REFRAKTION

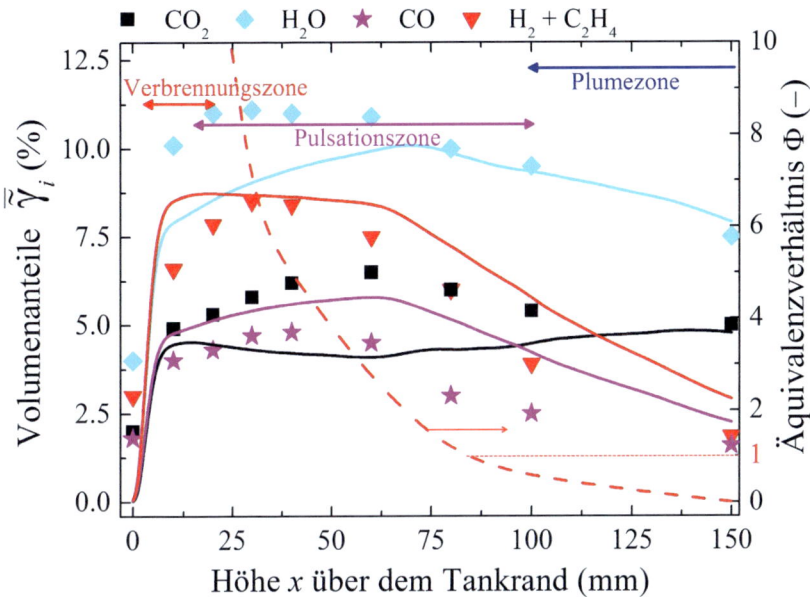

Abb. 6.16: CFD vorhergesagte (Kurven) und gemessene (Symbole) axiale Profile der Spezieskonzentration der Abgase CO, CO_2 und H_2O sowie der gasförmigen Pyrolyseprodukte H_2 und C_2H_4 mit zugehörigem Äquivalenzverhältnis-Profil enlang der Flammenachse.

Besonders in Regionen $x < 80$ mm sind Kohlenwasserstoffe von C_2- bis C_6- in höheren Konzentrationen zu finden (s. Abb. 6.9 und Abb. 6.12). Die höheren Kohlenwasserstoffe, H_2O und H_2 haben eine höhere spezifische Standardrefraktion $N_{i,0}$ als O_2, N_2, CO_2 und CO. In Tab. 3.1 ist zu erkennen, dass die Radikale OH und N eine ebenfalls hohe spezifische Standardrefraktion $N_{OH} = 3.50 \cdot 10^{-4}$ m^3/kg bzw. $N_N = 3.10 \cdot 10^{-4}$ m^3/kg besitzen, jedoch aufgrund Ihrer geringen Konzentrationen von ≈ 0.4 Vol. % (Smooke et al., 1992) einen vernachlässigbaren Beitrag zur Gesamtrefraktion des Flammengasgemisches $\bar{N}_m$ haben und daher bei der Auswertung unberücksichtigt bleiben.

Abb. 6.17 zeigt berechnete radiale Profile der spezifischen Refraktion $\bar{N}_m(r,x)$ in verschiedenen Höhen x über dem Tankrand. Es wurden hierzu die gemessenen und vorhergesagten Spezieskonzentrationen aus Abschnitt 6.6 herangezogen. Es zeigt sich in Richtung der Flammenachse ein Anstieg der spezifischen Refraktion des Flammengasgemisches $\bar{N}_m$ im Bereich der klaren Verbrennungszone bei $x = 20$ mm um bis zu 67 %, im Bereich der Pulsationszone bei $x = 50$ mm um bis zu 40 % und in der Plumezone bei $x = 150$ mm noch um 5 %. Dies zeigt deutlich, dass im achsennahen Bereich und in axialen Abständen $x < 50$ mm ein besonders starker Konzentrationseinfluss auf die Refraktionsprofi-

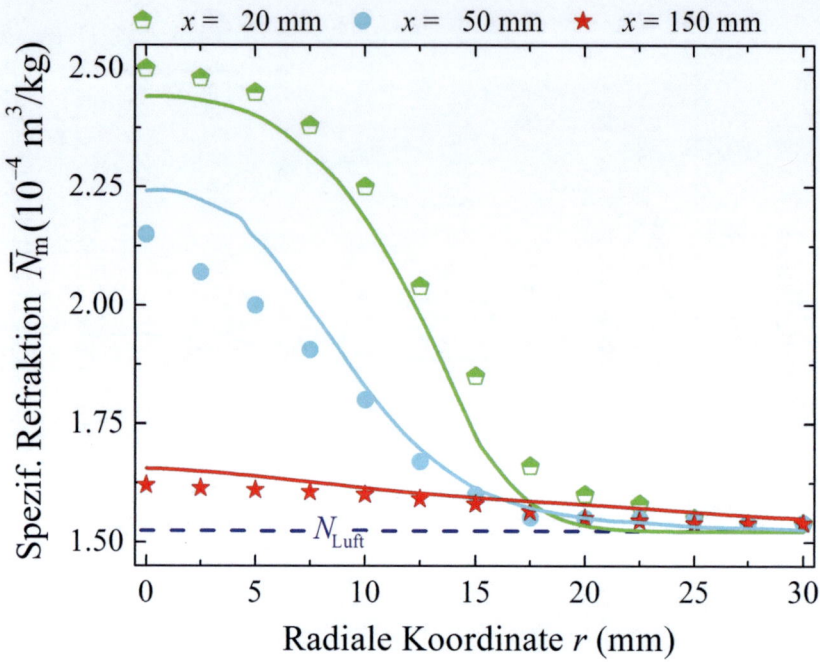

Abb. 6.17: CFD vorhergesagte (Kurven) und gemessene (Symbole) radiale Profile der spezifischen Refraktion des Flammengasgemisches in verschiedenen Höhen x über dem Tankrand.

le existiert und dieser berücksichtigt werden muss. Der Konzentrationseinfluss wird mit zunehmendem axialem und radialem Abstand allmählich vernachlässigbar und die spezifische Refraktion des Flammengasgemisches nähert sich dem Wert der Umgebungsluft ($N_{\text{Luft}} = 1.524 \cdot 10^{-4}$ m^3/kg) an. Dabei ist der Konzentrationseinfluss umso ausgeprägter, je höher die Standardrefraktion der einzelnen Spezies ist und um so mehr sich die $N_{i,0}$-Werte von N_{Luft} unterscheiden. Des Weiteren lässt sich aus Abb. 6.17 erkennen, dass für $r > 20$ mm das Profil der spezifischen Refraktion nur noch wenig von dem unverbrannten Brennstoff, Abgasen und Pyrolyseprodukten beeinflusst ist und praktisch allein von den hohen Konzentrationen an Stickstoff und Sauerstoff bestimmt ist.

Die mit CFD vorhergesagten und mit GC-gemessenen Spezieskonzentrationen zur Berechnung der spezifischen Refraktionsprofile stimmen gut überein. Abweichungen zwischen Simulation und Experiment treten vor allem bei $x = 50$ mm auf. Hier überschätzt die Simulation das Profil der spezifischen Refraktion im achsennahen Bereich, was darauf zurückzuführen ist, dass auch die Brennstoffkonzentration (s. Abb. 6.11) und die Konzentrationen der Pyrolyseprodukte (s. Abb. 6.12) in diesem Bereich deutlich zu hoch vorhergesagt werden. Wie schon zuvor erwähnt, ist an der Flammenachse der Konzentrationseinfluss am größten und muss berücksichtigt werden. Besonders der Brennstoff n-Hexan und die Pyrolyseprodukte C_2H_4 und H_2 haben eine höhere Standardrefraktion als Stickstoff und Sauerstoff, was sich als Folge in den überschätzen vorhergesagten Profilen der spezifischen Refraktion gegenüber den Experimenten widerspiegelt.

6.7.2 Vorhergesagte und gemessene axiale Profile der spezifischen Refraktion

In Abb. 6.18 sind axiale Profile der spezifischen Refraktion des Flammengasgemisches entlang der Flammenachse dargestellt. Es zeigt sich eine starke Abnahme der spezifischen Refraktion im Bereich der klaren Verbrennungszone $0 < x < 25$ mm um bis zu 30 %. Hier treten ebenfalls die größten Gradienten dN_m/dx auf. Der Brennstoff n-Hexan wird in diesem Bereich bis auf etwa 10 Vol. % zum größten Teil zu Kohlenstoffdioxid und Wasserdampf umgesetzt (s. Abb. 6.15), was die Abnahme der spezifischen Refraktion erklärt. Im gleichen Bereich steigt die Stickstoffkonzentration, welche eine deutlich geringere Standardrefraktion als n-Hexan besitzt, von 0 auf 50 Vol. % an. Das zunehmende Ent-

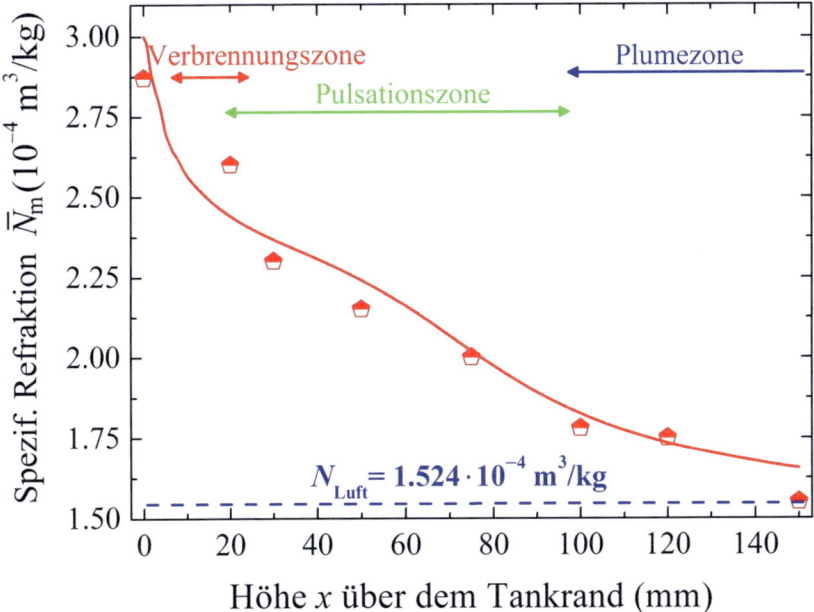

Abb. 6.18: CFD vorhergesagte (Kurve) und gemessene (Symbole) axiale Profile der spezifischen Refraktion des Flammengasgemisches entlang der Flammenachse.

rainment von Umgebungsluft und die auftretenden turbulenten Mischungsvorgänge mit zunehmender Höhe x führen zu einem weiteren Abfall des $\bar{N}_\mathrm{m}$-Profils und weniger steilen Gradienten $d N_\mathrm{m}/dx$. In der Plumezone bestehen die Flammengase nahezu aus heißer Luft und das Profil der spezifischen Refraktion ist nur noch wenig konzentrationsbeeinflusst. Das mit der CFD vorhergesagte axiale spezifische Refraktionsprofil stimmt gut mit dem Experiment überein. Insbesondere werden die Konzentrationen der Pyrolyseprodukte $\tilde{\gamma}_{\mathrm{C}_2\mathrm{H}_4}$ und $\tilde{\gamma}_{\mathrm{H}_2}$ an der Flammenachse (s. Abb. 6.16), welche einen großen Einfluss auf die spezifische Refraktion der Flammengaszusammensetzung haben, gut mit CFD vorhergesagt. Dies erklärt auch die bessere Übereinstimmung von Simulation und Experiment gegenüber dem radialen spezifischen Refraktionsprofil bei $x = 50$ mm (s. Abb. 6.16), da hier die Spezieskonzentrationen der Pyrolyseprodukte mit CFD überschätzt werden.

6.8 Vorhergesagte und gemessene Dichteprofile

Aus der in Abschnitt 3.4 beschriebenen Gladstone-Dale-Gleichung, lassen sich aus den gemessenen, zeitlich-gemittelten Brechzahlprofilen $\bar{n}_\mathrm{m}(r, x)$ in Abschnitt 6.5 bei bekannten Profilen der zeitlich-gemittelten spezifischen Refraktion $\bar{N}_\mathrm{m}(r, x)$, zeitlich-gemittelte Profile der Flammengasdichte $\bar{\rho}_\mathrm{m}(r, x)$ nach folgender Gleichung ermitteln

$$\bar{\rho}_\mathrm{m}(r, x) = \frac{2}{3} \left[\bar{n}_\mathrm{m}(r, x) - 1 \right] \frac{1}{\bar{N}_\mathrm{m}(r, x)} , \qquad (6.8)$$

mit

$$\bar{N}_\mathrm{m}(r, x) = \frac{\sum_i \bar{\gamma}_i(r, x) \, N_{i,0}}{\sum_i \bar{\gamma}_i(r, x)} . \qquad (6.9)$$

Gl. (6.9) zeigt, dass infolge der zeitlichen Mittelwerte der Spezieskonzentrationen $\bar{\gamma}_i(r, x)$ zwar keine momentanen Dichten $\rho_\mathrm{m}(r, x, t)$, jedoch zeitlich-gemittelte Dichten $\bar{\rho}_\mathrm{m}(r, x)$ erhalten werden. Es ist zu bemerken, dass zurzeit kein Messverfahren existiert, das es ermöglicht, von den relativ großen und stabilen Kohlenwasserstoffen in Abschnitt 6.6 momentane Konzentrationsprofile $\gamma_i(r, x, t)$ experimentell zu bestimmen. Die GC-Messungen erweisen sich für turbulente und rußende Tankflammen noch immer als eine geeignete Methode zur Ermittlung der Spezieskonzentrationen von großen Kohlenwasserstoffen.
Die mit der CFD Simulation vorhergesagten Dichteprofile $\bar{\rho}_\mathrm{m}(r, x)$ können direkt aus den Erhaltungsgleichungen der Strömungsmechanik unter Berücksichtigung der verwendeten Submodelle von Turbulenz und Verbrennung (s. Kapitel 5) berechnet werden und bedürfen keiner weiteren Transformationen, wie dies bei den Experimenten der Fall ist.
In Abb. 6.19 sind die nach Gl. (6.8) ermittelten radialen Dichteprofile aus den experimen-

6.8. VORHERGESAGTE UND GEMESSENE DICHTEPROFILE

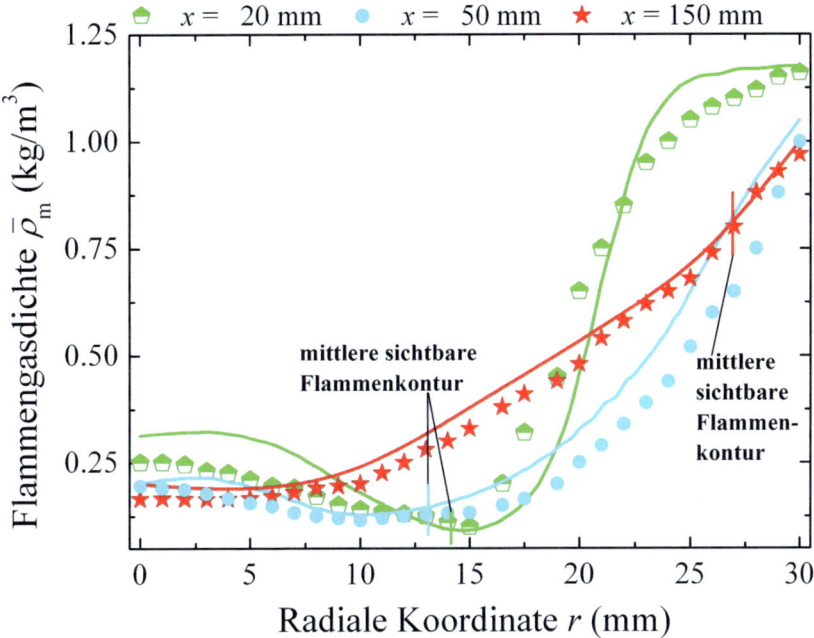

Abb. 6.19: CFD vorhergesagte (Kurven) und gemessene (Symbole) radiale Profile der Flammengasdichte in verschiedenen Höhen x über dem Tankrand.

tellen Interferogrammen für $x = 20$ mm, $x = 50$ mm und $x = 150$ mm über dem Tankrand vergleichend mit den CFD vorhergesagten Dichteprofile dargestellt. Zunächst ist zu erkennen, dass sich ein schwach ausgeprägtes bimodales (M-förmiges) Dichteprofil bei $x = 20$ mm ausbildet, dass mit zunehmender Höhe x über den Tankrand in ein unimodales Profil ($x = 150$ mm) übergeht. In der Verbrennungszone bei $x = 20$ mm ist ein steiler Dichteabfall im Bereich der thermischen Grenzschicht bis zu einem Dichteminimum wieder ziemlich genau bis zur sichtbaren Flammenkontur $r \approx 13$ mm charakteristisch, während sich die Dichte innerhalb der sichtbaren Flamme $r < 13$ mm kaum ändert. Das schwach ausgeprägte Dichtemaximum von $\bar{\rho}_{m,max} = 0.25$ kg/m^3 auf der Flammenachse bei $x = 20$ mm macht sich durch die relativ große Dichte des Hexandampfs bemerkbar. Da die Dichteprofile deutlich von den Brechzahlprofilen (s. Abb. 6.8) im Bereich der Flammenachse abweichen, erkennt man hier den Konzentrationseinfluss, der von den Spezieskonzentrationen höherer KW verursacht wird. Im Bereich der thermischen Grenzschicht 15 mm $< r <$ 25 mm verlaufen Brechzahl- und Dichteprofil noch weitgehend proportional. Der steile Abfall ist bei beiden Profilen vor allem auf die großen Temperatur- und Dichtegradienten in der thermischen Grenzschicht zurückzuführen und deutlich weniger auf die Spezieskonzentrationen. Erkennbar ist der starke Konzentrationseinfluss vor allem im achsnahen Bereich $0 < r < 12$ mm, der durch die relativ hohen Konzentrationen an unverbranntem Brennstoff n-Hexan und C_1 - C_5 Kohlenwasserstoffen hervorgerufen wird. Daher weichen in diesem Bereich die Flammengasdichten stärker von den zugehörigen Brechzahlen ab. Mit zunehmender Höhe x über dem Tankrand zeigt sich in der Pulsationszone sowie in der Plumezone, vor allem im achsnahen Bereich, aber auch in der thermischen Grenzschicht, die Abnahme des Konzentrationseinflusses, da hier neben eingesaugter Luft und Abgasen kaum höhere KW mit einer von Luft unterschiedlichen spezifischen Refraktion vorliegen. Dies verdeutlicht auch die mit zunehmendem Abstand über dem Tankrand geringere Abweichung von Dichte- und Brechzahlprofil.

Ein Vergleich von gemessenen und mit CFD vorhergesagten Dichteprofilen zeigt eine qualitativ und quantitativ gute Übereinstimmung. Die wesentlichen Charakteristika wie Lage der Dichteminima und der steile Dichteabfall im Bereich der thermischen Grenzschicht in Richtung der Flammenachse werden gut wiedergeben. Die vorhergesagten Dichteprofile überschätzen die gemessenen Flammengasdichten für $x = 20$ mm im achsnahen Bereich, was vermutlich auf die zu hoch vorhergesagten n-Hexan Konzentrationen in Nähe der Flammenachse (s. Abb. 6.9) zurückzuführen ist. Geringe Abweichungen von Experiment und Simulation liegen auch im Bereich der thermischen Grenzschicht vor. Besonders hier treten große Dichtegradienten auf, so dass eine Verfeinerung des Rechennetzes im Gebiet steiler Gradienten zu einer noch genaueren Vorhersage der Flammgengasdichten in der thermischen Grenzschicht führen sollte.

6.9 Vorhergesagte und gemessene radiale Temperaturprofile

Für das Flammengasgemisch der Hexanflamme ist mit guter Näherung das ideale Gasgesetz gültig, da angenommen werden kann, dass sich alle in dem Flammengasgemisch gefundenen Spezies bei den in der Flamme vorherrschenden hohen Temperaturen, praktisch wie ideale Gase verhalten. Die zeitlich-gemittelten Temperaturen $\bar{T}_m(r,x)$ des Flammengasgemisches lassen sich aus den gemessenen Interferogrammen mit folgender Beziehung bestimmen

$$\bar{T}_m(r,x) = \rho_{m,0}(r,x)\, T_0 \frac{1}{\bar{\rho}_m(r,x)} \;, \tag{6.10}$$

mit der Standarddichte $\rho_{m,0}$ des Flammengasgemisches

6.9. VORHERGESAGTE UND GEMESSENE TEMPERATURPROFILE

$$\rho_{m,0}(r,x) = \frac{\sum_i \bar{\gamma}_i(r,x)\, \rho_{i,0}}{\sum_i \bar{\gamma}_i(r,x)} \;. \tag{6.11}$$

Die Werte der Standarddichte $\rho_{i,0}$ der Spezies i sind in Tab. 3.1 aufgeführt. Unter Verwendung von Gl. (6.12) ist es auch möglich, die mittleren Temperaturprofile $\bar{T}_m(r,x)$ direkt aus den mittleren Brechzahlprofilen $\bar{n}_m(r,x)$ des Flammengasgemisches unter Berücksichtigung der spezifischen Refraktion $\bar{N}_m(r,x)$ zu bestimmen

$$\bar{T}_m(r,x) = \frac{3}{2} \frac{\rho_{m,0}(r,x)}{\bar{n}_m(r,x) - 1}\, \bar{N}_m(r,x)\, T_0 \tag{6.12}$$

In diesem Abschnitt werden die aus den experimentellen Interferogrammen nach Gl. (6.10) berechneten und mit Thermoelementen gemessenen Flammentemperaturen (Abschnitt 4.3) zusammen mit den CFD vorhergesagten Flammentemperaturen in verschiedenen Höhen über dem Tankrand $x = 20$ mm, $x = 50$ mm und $x = 150$ mm diskutiert.

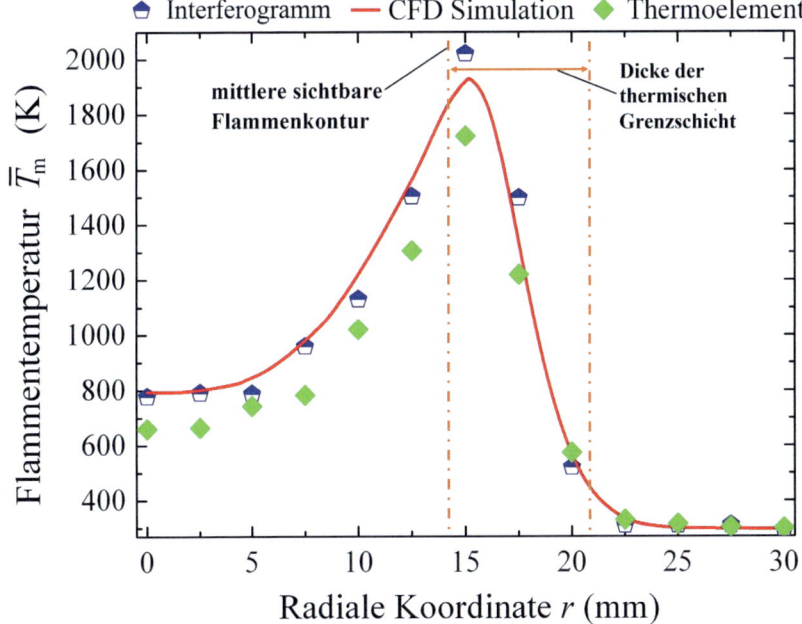

Abb. 6.20: CFD vorhergesagte (Kurve) und mit Thermoelementen (Symbole) sowie aus Interferogrammen (Symbole) gemessenen radialen Profile der Flammentemperatur bei $x = 20$ mm.

In Abb. 6.20 sind radiale Temperaturprofile $\bar{T}_m(r)$ bei $x = 20$ mm von interferometrisch und mit Thermoelementen gemessenen Flammentemperaturen sowie die mit CFD vorhergesagten Flammentemperaturen dargestellt. Es ist anzumerken, dass die Thermoelement Messungen bereits durch die auftretenden Wärmeverluste am Thermoelement korrigiert wurden (s. a. Abschnitt 6.9.2). Die Profile zeigen über weite Bereiche der radialen Flammenausdehnung jeweils eine gute Übereinstimmung, jedoch unterscheiden sich die mittleren maximalen Flammentemperaturen $\bar{T}_{m,max}$. Das Maximum der mittleren Flammentemperatur erreicht bei den mit der Interferometrie gemessenen Flammentemperaturen $\bar{T}_{max,Int}$ = 2025 K bei r = 15 mm. Die Thermoelementmessungen und CFD Simulation zeigen hingegen geringere maximale Flammentemperaturen von $\bar{T}_{max,Th}$ = 1605 K bzw. $\bar{T}_{max,CFD}$ = 1933 K bei derselben radialen Koordinate r = 15 mm. Der scharfe Peak der maximalen Flammentemperatur kann so gedeutet werden, dass in einem relativ schmalen Bereich der Flammenhaut der Brennstoff mit dem Luftsauerstoff stöchiometrisch Φ = 1 zu Wasserdampf und Kohlenstoffdioxid umgesetzt wird (s. a. Abbn. 6.9 und 6.10), d.h. dass die Temperaturspitzen durch die chemische Reaktion hervorgerufen werden. Es fällt weiterhin auf, dass der steilste Temperaturanstieg von $\bar{T}_m \approx$ 400 K auf $\bar{T}_m \approx$ 2000 K im Bereich der thermischen Grenzschicht zwischen 15 mm $< r <$ 21 mm erfolgt. Innerhalb der sichtbaren Flamme $r <$ 14 mm fällt die Temperatur in Richtung der Flammenachse bis auf $\bar{T}_m \approx$ 800 K (Interferometrie und CFD) bzw. $\bar{T}_m \approx$ 650 K (Thermoelement) ab und erreicht dort ein Temperaturminimum. Dieser Temperaturabfall ist vor allem auf die noch vorhandenen Konzentrationen an relativ kaltem unverbranntem Brennstoffdampf zurückzuführen. Da kein Luftsauerstoff im Bereich 0 mm $< r <$ 14 mm vorhanden ist (s. Abb. 6.9), findet hier ebenfalls keine Verbrennungsreaktion statt. Die hohen Temperaturen von 650 K $< \bar{T}_m <$ 1600 K im Bereich von $r <$ 14 mm können nur durch den Wärmetransport infolge von Wärmeleitung und -konvektion sowie thermischer Strahlung erklärt werden. Durch den steilen Temperaturanstieg innerhalb der thermischen Grenzschicht bis zu einem Temperaturmaximum und anschließendem Temperaturabfall hin zur Flammenachse bildet sich ein bimodales M-Profil aus. Dieses M-Profil ist charakteristisch für nicht-vorgemischte Flammen bei nicht allzu großen axialen Abständen über dem Brennstoffaustritt (Qin et al., 2002; Zhang & Zhou, 2007).

Mit zunehmender Höhe x über dem Tankrand ist eine Verschiebung der mittleren Maximaltemperatur hin zur Flammenachse zu beobachten. Dies ist an den radialen Temperaturprofilen in der Pulsationszone bei x = 50 mm zu erkennen (Abb. 6.21). Es liegen wiederum bimodale Temperaturprofile vor, welche jedoch weniger stark als bei x = 20 mm ausgeprägt sind. Die maximalen mittleren Flammentemperaturen betragen $\bar{T}_{max,Int}$ = 1689 K, $\bar{T}_{max,Th}$ = 1350 K und $\bar{T}_{max,CFD}$ = 1598 K, wobei die Temperaturmaxima gegenüber x = 20 mm zur Flammenachse hin verschoben sind r = 10 mm. Wiederum fällt auf, dass die maximale mittlere Temperatur im Bereich der maximalen radialen Ausdehnung der sichtbaren Flammenkontur liegt. Da die Flamme bei x = 50 mm eine geringere radiale Ausdehnung hat und der Luftsauerstoff weiter in die Flamme eindringen kann (s. Abb. 6.11), ist auch die maximale mittlere Flammentemperatur zur Flammenachse

6.9. VORHERGESAGTE UND GEMESSENE TEMPERATURPROFILE

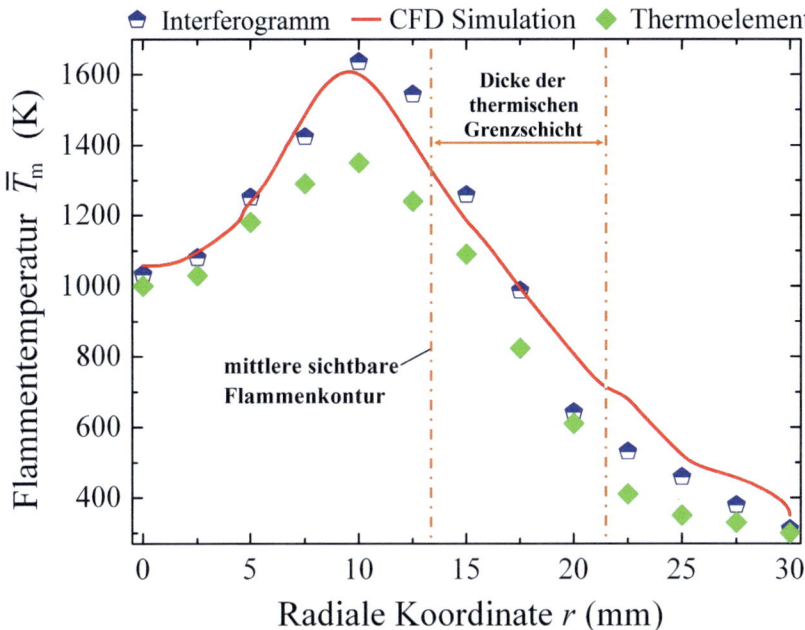

Abb. 6.21: CFD vorhergesagte (Kurve) und mit Thermoelementen (Symbole) sowie aus Interferogrammen (Symbole) gemessenen radialen Profile der Flammentemperatur bei $x = 50$ mm.

hin verschoben. Auch hier sind die Temperaturspitzen durch die chemische Reaktion von Brennstoff und Luftsauerstoff verursacht, was auf die stöchiometrische Zusammensetzung von $\Phi = 1$ in diesem Bereich hindeutet (s. Abb. 6.11). Die thermische Grenzschicht ist bei $x = 50$ mm, jedoch über eine größere radiale Koordinate 13 mm $< r <$ 22 mm ausgedehnt und besitzt weniger steile Temperaturgradienten als bei $x = 20$ mm, was zur Folge hat, dass auch der Peak der Flammentemperatur weniger stark als bei $x = 20$ mm ausgeprägt ist. Innerhalb der sichtbaren Flamme $r <$ 13 mm fällt die Temperatur von $\bar{T}_m \approx 1600$ K bis auf $\bar{T} \approx 1000$ K an der Flammenachse ab. Die höhere Flammentemperatur von $\bar{T}_m \approx$ 1000 K gegenüber $\bar{T}_m \approx 800$ K bei $x = 20$ mm an der Flammenachse ist durch die fortschreitende Reaktion von Brennstoff und Luftsauerstoff mit zunehmender Höhe über dem Tankrand sowie der zunehmenden Turbulenz (konvektiver Wärmetransport) zu erklären.

In der Plumezone bei $x = 150$ mm sind unimodale Temperaturprofile mit einer maximalen mittleren Flammentemperatur von $\bar{T}_{max,Int} = 1365$ K, $\bar{T}_{max,Th} = 1340$ K und $\bar{T}_{max,CFD} = 1395$ K zu beobachten, welche über einen Bereich von $0 < r < 5$ mm ausgedehnt sind (Abb. 6.22). Charakteristisch ist, dass die Temperaturgradienten innerhalb der sichtbaren Flammen $r <$ 27 mm geringer als in der Pulsations- und Verbrennungszone sind und das

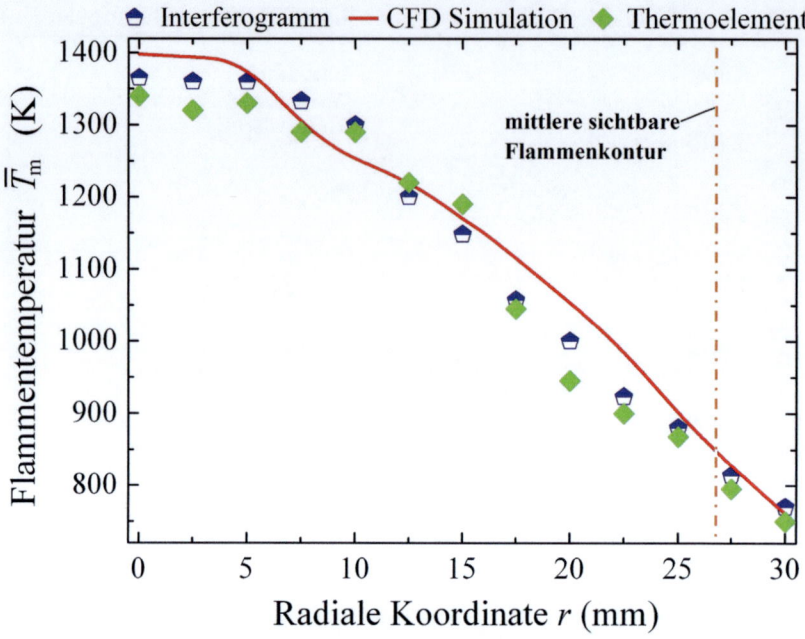

Abb. 6.22: CFD vorhergesagte (Kurve) und mit Thermoelementen (Symbole) sowie aus Interferogrammen (Symbole) gemessenen radialen Profile der Flammentemperatur bei $x = 150$ mm.

Temperaturprofil im Bereich $0 < r < 30$ mm flacher verläuft. Das angedeutete Temperaturplateau im Bereich $0 < r < 5$ mm lässt darauf schließen, dass in der Plumezone bei $x = 150$ mm ein Rückstau der aufströmenden heißen Gase stattfindet. Dies bedeutet, dass der Dichteunterschied zwischen den heißen Flammengasen und der Umgebungsluft nicht mehr ausreicht, um den gesamten Volumenstrom, der sich aus dem Volumenstrom der angesaugten Umgebungsluft und dem axialen Volumenstrom der Flammengase zusammensetzt, in x-Richtung abzuführen, sondern es erfolgt jetzt auch eine Expansion der heißen Flammengase in radialer Richtung.

Während bei $x = 20$ mm und $x = 50$ mm schon Umgebungstemperatur von $T_u = 293$ K bei $r = 30$ mm vorliegt, beobachtet man an gleicher Position in der Plumezone bei $x = 150$ mm noch eine mittlere Flammentemperatur von $\bar{T}_m \approx 750$ K. Dies liegt vor allem an der größeren radialen Ausdehnung der sichtbaren Flammenkontur ($\Delta r = 27$ mm) bei $x = 150$ mm, welche die Lage der thermischen Grenzschicht in zunehmender radialer Richtung verschiebt. Die thermische Grenzschicht ist über $r > 30$ mm ausgedehnt und ist daher in Abb. 6.22 nicht erkennbar. Die hohen Flammentemperaturen sind vor allem durch turbulente (konvektive) Mischungsvorgänge bestimmt, da kein Brennstoff mehr mit Luftsauerstoff reagieren kann. Dies erklärt jedoch nicht die noch relativ hohen Flammen-

6.9. VORHERGESAGTE UND GEMESSENE TEMPERATURPROFILE

temperaturen von $\bar{T}_\mathrm{m} \approx 1400$ K. Eine Reaktion, die in der Plumezone auftritt, ist die exotherme Oxidation von noch vorhandenem CO zu CO_2 (s. Abb. 6.14), welche als Ursache für die hohen Flammentemperaturen in dieser Region angesehen werden kann. Die gemessenen und vorhergesagten radialen Temperaturprofile zeigen in der Plumezone, von allen drei untersuchten Höhen über dem Tankrand, die beste Übereinstimmung. Weiterhin ist zu erkennen, dass die Thermoelementmessungen kontinuierlich die Flammentemperaturen gegenüber den interferomtrisch gemessenen und CFD vorhergesagten Flammentemperaturen unterschätzen. Die deutlichste Abweichung zwischen Thermoelement- und interferometrischer Flammentemperaturmessung tritt bei $x = 20$ mm und $r = 15$ mm auf und beträgt $\Delta \bar{T}_\mathrm{m} = 320$ K. Des Weiteren ist anzumerken, dass die Ermittlung der Flammentemperaturen mit der Interferometrie und den Thermoelementen nicht simultan, sondern unabhängig voneinander durchgeführt wurden.

6.9.1 Fehleranalyse bei der Ermittlung von Flammentemperaturen aus Interferogrammen

Um die Fehler bei der Ermittlung der mittleren Flammentemperaturen zu untersuchen, wurde eine Fehleranalyse nach (Ibarreta & Sung, 2005) durchgeführt. Dazu wurde vereinfachend angenommen, dass die spezifische Refraktion der Flammengasmischung konstant ist (z. B. im Fall von heißer Luft $\bar{N}_\mathrm{m} = N_{i,0} = N_\mathrm{Luft}$). Der Fehler $\Delta \bar{T}_\mathrm{m}$, der bei der Ermittlung der Flammentemperatur aus Interferogrammen entsteht, beruht auf dem nicht-linearen Zusammenhang von Brechzahl- und Temperaturfeld in Gl. (6.12). Mit Hilfe der folgenden Vereinfachung $\theta = \bar{n}_\mathrm{m}(r,x) - 1$ in Gl. (6.12) lässt sich der Fehler $\Delta \bar{T}_\mathrm{m}$ wie folgt formulieren

$$|\Delta \bar{T}_\mathrm{m}| = \frac{\bar{T}_\mathrm{m}^2}{3/2 \; \rho_{i,0} \; N_{i,0} \; T_0} |\Delta \theta| \; . \tag{6.13}$$

Gl. (6.13) zeigt, dass der Fehler $\Delta \bar{T}_\mathrm{m}$ quadratisch mit der Flammentemperatur $\bar{T}_\mathrm{m}^2$ zunimmt. Der Fehler, der durch Anwendung der Abel Transformation in Gl. (3.7) verursacht wird, muss zusätzlich berücksichtigt werden. Dazu wird der linke Term in Gl. (3.7) umgeformt zu $\Lambda = \bar{n}_\mathrm{m}(r,x) - n_\mathrm{u}$. Es ergibt sich

$$\Lambda = \bar{n}_\mathrm{m}(r,x) - n_\mathrm{u} \approx \theta - \theta_\mathrm{u} \; . \tag{6.14}$$

Sind z. B. die Umgebungsbedingungen θ_u nicht bekannt, ist es möglich, jeden anderen bekannten Referenzzustand θ_ref zu wählen. Die Änderung von θ in Gl. (6.14) kann wie folgt ausgedrückt werden

$$\Lambda - \Lambda_\mathrm{ref} \approx \theta - \theta_\mathrm{ref} \; , \tag{6.15}$$

mit

$$\theta = (\bar{n}_{\mathrm{m}}(r,x) - 1) \approx \Lambda - \Lambda_{\mathrm{ref}} + \theta_{\mathrm{ref}}, \quad (6.16)$$

wobei $\theta_{\mathrm{ref}} = \bar{n}_{\mathrm{m}}(r,x) - 1$ am Referenzpunkt bekannt ist und Λ_{ref} den entsprechenden Wert der Abel Transformationen an diesem Punkt darstellt. Die Brechzahl am Referenzpunkt sollte so genau wie möglich ermittelt werden, da sich sonst ein Fehler in θ_{ref} ergibt, der sich in θ und somit in der Ermittlung der Flammentemperatur weiter fortpflanzt.
Unter Berücksichtigung der oben aufgeführten Punkte, ergibt sich für den Fehler bei der Bestimmung der Brechzahl in einem beliebigen Punkt in der Flamme

$$|\Delta\theta| = |\Delta(\Lambda - \Lambda_{\mathrm{ref}})| + |\Delta\theta_{\mathrm{ref}}| = |\Delta\Lambda'| + |\Delta\theta_{\mathrm{ref}}|, \quad (6.17)$$

mit $\Delta\Lambda'$ als Fehler, der durch die Abel Transformation über die radiale Flammenausdehnung verursacht wird und $\Delta\theta_{\mathrm{ref}}$ dem Fehler, der durch die Bestimmung der Brechzahl am Referenzpunkt entsteht.

Kombiniert man Gl. (6.13) und (6.17), kann der absolute Gesamtfehler bei der Bestimmung der Flammentemperatur wie folgt erhalten werden

$$\Delta\bar{T}_{\mathrm{m}}| = \underbrace{\frac{\bar{T}_{\mathrm{m}}^2}{3/2 \, \rho_{i,0} \, N_{i,0} \, T_0} |\Delta\Lambda'|}_{\Delta\bar{T}_{\mathrm{m},1}} + \underbrace{\left(\frac{\bar{T}_{\mathrm{m}}}{T_{\mathrm{ref}}}\right)^2 |\Delta T_{\mathrm{ref}}|}_{\Delta\bar{T}_{\mathrm{m},2}}, \quad (6.18)$$

wobei der erste Term auf der rechten Seite den Fehler, der durch die Abel Transformation hervorgerufen wird, und der zweite Term den Fehler bei der Bestimmung der Referenztemperatur (z. B. mit Thermoelementen), repräsentiert. Basierend auf dem zweiten Term von Gl. (6.18) wird der Fehler der Flammentemperatur zu $\Delta\bar{T}_{\mathrm{m},2} = 76$ K, wenn eine Flammentemperatur von $\bar{T}_{\mathrm{m}} = 1500$ K gewählt wird und der Referenzzustand $T_{\mathrm{ref}} = T_{\mathrm{u}}$ = 298 K mit einem absoluten Fehler von $\Delta T_{\mathrm{ref}} = 3$ K (1 % Fehler) bekannt ist. Um den Fehler bei der Ermittlung der Flammentemperatur zu reduzieren, ist es wichtig, einen Referenzpunkt in der Nähe der Flammentemperatur zu wählen, um damit das Verhältnis $(\bar{T}_{\mathrm{m}}/T_{\mathrm{m}})^2$ zu reduzieren.
Nach (Hauf & Grigull, 2006) hat die in Abschnitt 3.3 vorgestellte Methode der Abel Transformation einen mittleren Fehler von 5 % bei der Bestimmung der Brechzahl $\bar{n}_{\mathrm{m}}$. Dies resultiert in einem Fehler bei Anwendung der Abel Transformation zur Bestimmung der Flammentemperatur von $\Delta\bar{T}_{\mathrm{m},1} = 48$ K für $\bar{T}_{\mathrm{m}} = 1500$ K. Es ergibt sich somit ein Gesamtfehler von $\Delta\bar{T}_{\mathrm{m}} = \Delta\bar{T}_{\mathrm{m},1} + \Delta\bar{T}_{\mathrm{m},2} = 124$ K (9%).
Um die von den optischen Komponenten verursachten Interferenzstreifenverschiebungen, was sich in Fehlern bei der Ermittlung der Flammentemperaturen äußert, zu untersuchen,

wurde ebenfalls eine Fehleranalyse durchgeführt (Gawlowski *et al.*, 2009b). Diese hat gezeigt, dass der absolute Fehler der verwendeten optischen Komponenten bei der Aufzeichnung der Interferogramme durch mehrere Faktoren wie Lichtstrahlablenkung, sphärische und chromatische Aberrationen, Astigmatismen, Koma, Bildfeldkrümmung und Deformationen beeinflusst wird. Dieser Fehler wurde so korrigiert, dass der Versatz der Interferenzstreifen infolge der verursachten Fehler der optischen Komponenten kleiner ist als die gemessene Streifenverschiebung und somit als vernachlässigbar bei der Ermittlung der Flammentemperaturen angesehen werden kann.

6.9.2 Fehleranalyse bei der Ermittlung von Flammentemperaturen mit Thermoelementen

Die mit Thermoelementen gemessenen Flammentemperaturen wurden aufgrund der auftretenden Wärmeverluste durch thermische Strahlung und Leitung nach der Gleichung von (Fristrom & Westenberg, 1965) korrigiert, welche auf Thermoelemente anwendbar ist, deren Drahtdurchmesser deutlich kleiner ist als der Perlendurchmesser

$$\Delta \bar{T}_m = \bar{T}_m - \bar{T}_{Th} = \frac{\epsilon_{Pt} \, \sigma \, d_D \, (T_{Th}^4 - T_u^4)}{2 \, \lambda_{L,m}} \, , \tag{6.19}$$

mit der Stefan-Boltzmann Konstante σ, dem Emissionskoeffizienten von Platin ϵ_{Pt}, dem Drahtdurchmesser d_D, die mit dem Thermoelement gemessene Flammentemperatur $\bar{T}_{Th}$, der Umgebungstemperatur T_u und der Wärmeleitung der Flammengasmischung $\lambda_{L,m}$. Mit der oben angewandten Korrekturformel konnte gezeigt werden, dass bei sehr dünnen Thermodrähten, wie dies in der vorliegenden Arbeit der Fall ist, die Wärmeverluste durch thermische Strahlung und Leitung fast vernachlässigt werden können. Bei dem verwendeten Thermoelement Pt-Rh/Pt erhält man aus der maximal gemessenen Flammentemperatur $\bar{T}_{Th,max} = 1605$ K eine Temperaturdifferenz von $\Delta \bar{T}_m = \bar{T}_m - \bar{T}_{Th} = \pm 20$ K.

6.10 Einfluss der Spezieszusammensetzung auf die Flammentemperaturen

Der Konzentrationseinfluss auf die interferometrisch gemessenen Temperaturprofile (Abbn. 6.20-6.22) geht aus dem nichtlinearen Verlauf von Brechzahl- und Dichteprofilen in Gl. (3.9) hervor. Dieser Konzentrationseinfluss soll im Folgenden näher untersucht werden. Dazu wird der zweite Term auf der rechten Seite von Gl. (3.12) durch drei unterschiedliche Annahmen der Spezieszusammensetzung $\bar{\gamma}_m(r,x)$ des Flammengasgemisches und somit der spezifischen Refraktion $\bar{N}_m(r,x)$ der Flammengase analysiert.

1. Mit Berücksichtigung der gemessenen Profile $\bar{T}_1(r)$ der spezifischen Refraktion $\bar{N}_m(r,x)$ des Flammengasgemisches aus den GC-Messungen.

2. Unter Verwendung eines konstanten Wertes von $\bar{N}_m$ basierend auf der Annahme einer stöchiometrischen Verbrennung $\bar{T}_2(r)$ von n-Hexan mit Luftsauerstoff zu Kohlenstoffdioxid und Wasserdampf
$C_6H_{14} + 9.5\ (O_2 + 3.76\ N_2) \rightarrow 6\ CO_2 + 7\ H_2O + 35.72\ N_2$.

3. Mit der Annahme, dass das Flammengasgemisch aus heißer Luft $\bar{T}_3(r)$ besteht $\bar{N}_m = N_{Luft} = 1.524 \cdot 10^{-4}\ m^3/kg$.

Punkt 2 beschreibt eine Bruttoreaktion unter der Annahme, dass in der Flamme der gesamte Brennstoff mit Luftsauerstoff stöchiometrisch zu Kohlenstoffdioxid und Wasserdampf reagiert, während der Stickstoff nicht an der Reaktion beteiligt ist. Die spezifische Refraktion der Edukte E basierend auf der Annahme einer stöchiometrischen Verbrennung ist $\bar{N}_E = 1.668 \cdot 10^{-4}\ m^3/kg$. Die spezifische Refraktion der Produkte P ergibt sich entsprechend zu $\bar{N}_P = 1.641 \cdot 10^{-4}\ m^3/kg$, so dass ein mittlerer Wert der spezifischen Refraktion von $\bar{N}_m = (\bar{N}_E + \bar{N}_P)/2 = 1.655 \cdot 10^{-4}\ m^3/kg$ für das Flammengasgemisch resultiert.

In Punkt 3 wird innerhalb der gesamten Flamme eine Spezieszusammensetzung von heißer Luft mit konstanter spezifischer Refraktion N_{Luft} angenommen. Die Interferenzstreifen im Interferogramm lassen sich in diesem speziellen Fall als Linien konstanter Temperatur (Isothermen) deuten.

Abb. 6.23 zeigt die zeitlich-gemittelten radialen Temperaturprofile $\bar{T}_m(r)$ in der Verbrennungszone bei $x = 20$ mm für die drei unterschiedlichen Annahmen der Spezieszusammensetzung. Der Konzentrationseinfluss der Spezies ist deutlich in Nähe der Flammenachse 0 $< r <$ 10 mm zu erkennen, da hier die größten Temperaturunterschiede zwischen den Temperaturprofilen für die Annahmen 1, 2 und 3 auftreten. Hier haben besonders die Spezies einen Einfluss auf die Flammentemperatur, deren spezifische Standardrefraktion $N_{i,0}$ sich deutlich von der Standardrefraktion der Luft N_{Luft} unterscheidet (s. Tab. 3.1). Demnach sind die Temperaturprofile $\bar{T}(r)$ in weiten Bereichen der thermischen Grenzschicht 14 mm $< r <$ 21 mm von der Flammentemperatur bestimmt, während innerhalb der sichtbaren Flamme $r <$ 14 mm vor allem infolge der Spezieskonzentrationen von CO_2, H_2O und den Pyrolyseprodukten H_2, C_2H_4 sowie den hohen Konzentrationen an unverbranntem Brennstoff ($\bar{\tilde{\gamma}}_{C_6H_{14}} \approx 20$ Vol. %) eine Erhöhung der Flammentemperatur eintritt. Die Annahmen 2 und 3 berücksichtigen die Spezies mit hohen spezifischen Standardrefraktionen nicht, was zu den großen Temperaturunterschieden von $\Delta \bar{T}_{1 \rightarrow 2} = 150$ K bzw. $\Delta \bar{T}_{1 \rightarrow 3} = 230$ K führt. Die Annahme einer stöchiometrischen Verbrennung im achsnahen Bereich liefert ebenfalls keine zufriedenstellende Übereinstimmung mit dem interferometrisch gemessenen Temperaturprofil, führt jedoch zu geringeren Temperaturunterschieden als im Fall von heißer Luft. Dagegen unterscheiden sich die Temperaturprofile $\bar{T}_1(r)$ und $\bar{T}_3(r)$ in

6.10. EINFLUSS DER SPEZIESZUSAMMENSETZUNG AUF DIE FLAMMENTEMPERATUREN

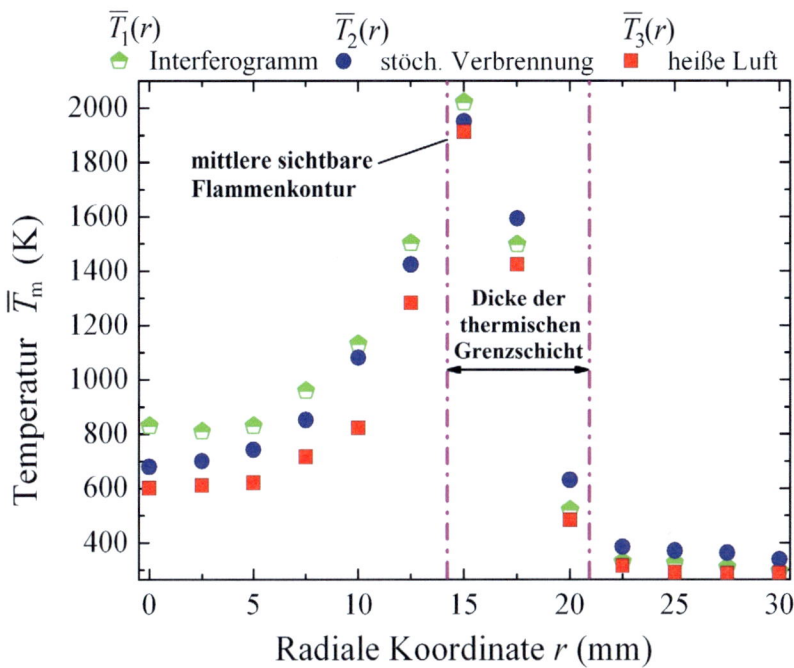

Abb. 6.23: Berechnete radiale Profile der Flammentemperatur bei $x = 20$ mm unter Berücksichtigung der gemessenen spezifischen Refraktion des Flammengasgemisches ($\bar{T}_1(r)$), unter Annahme einer stöchiometrischen Verbrennung ($\bar{T}_2(r)$) sowie einer konstanten spezifischen Refraktion von heißer Luft ($\bar{T}_3(r)$).

der thermischen Grenzschicht 14 mm $< r <$ 21 mm nur geringfügig und sind somit wenig konzentrationsbeeinflusst. Die Zusammensetzung der thermischen Grenzschicht kann daher mit guter Näherung als heiße Luft angesehen werden. Dass in der thermischen Grenzschicht keine stöchiometrische Verbrennung stattfindet, zeigen die Temperaturunterschiede von gemessenem Temperaturprofil $\bar{T}_1(r)$ und dem Temperaturprofil $\bar{T}_2(r)$ einer stöchiometrischen Verbrennung. Hier werden die Flammentemperaturen im Fall 2 gegenüber den Messungen überschätzt.

In Abb. 6.24 sind zeitlich-gemittelte radiale Temperaturprofile $\bar{T}_m(r)$ in der Pulsationszone bei $x = 50$ mm dargestellt. Im Vergleich zu $x = 20$ mm werden die Unterschiede in den Flammentemperaturen an der Flammenachse $\Delta \bar{T}_{1 \to 2} = 61$ K bzw. $\Delta \bar{T}_{1 \to 3} = 137$ K mit zunehmender Höhe geringer was folglich auch zu einem geringeren Konzentrationseinfluss führt. Das Auftreten von unverbranntem Hexan ($\bar{\tilde{\gamma}}_{C_6H_{14}} \approx 5$ Vol. %) in Nähe der Flammenachse muss jedoch auch in dieser Höhe über dem Tankrand berücksichtigt werden, was die Temperaturunterschiede zwischen den gemessenen Flammentemperatu-

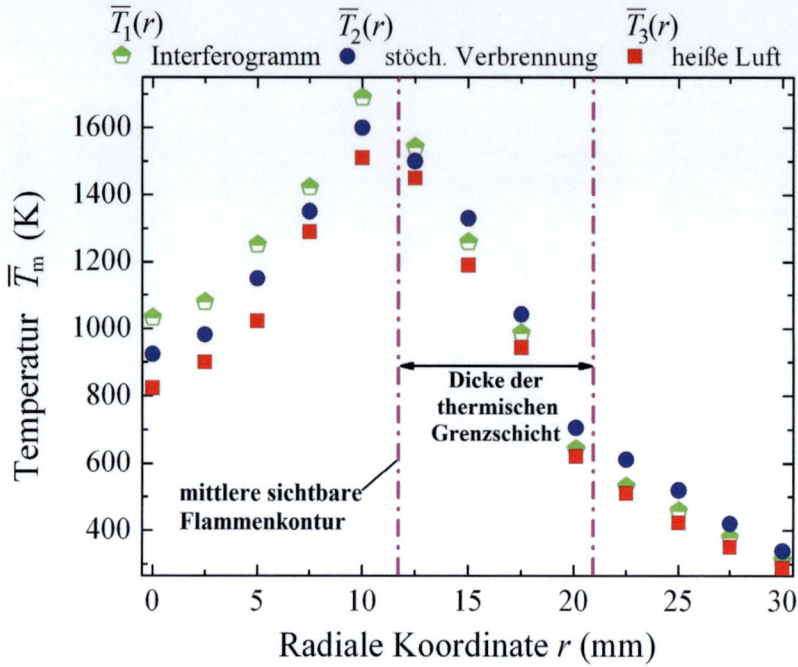

Abb. 6.24: Berechnete radiale Profile der Flammentemperatur bei $x = 50$ mm unter Berücksichtigung der gemessenen spezifischen Refraktion des Flammengasgemisches ($\bar{T}_1(r)$), unter Annahme einer stöchiometrischen Verbrennung ($\bar{T}_2(r)$) sowie einer konstanten spezifischen Refraktion von heißer Luft ($\bar{T}_3(r)$).

ren und den Annahmen 2 und 3 zeigen. Die Annahme einer stöchiometrischen Verbrennung ($\bar{T}_2(r)$) gibt in der Pulsationszone, im Bereich der sichtbaren Flamme $r < 12$ mm, die Flammentemperaturen recht gut wieder, berücksichtigt jedoch nicht das noch nichtstöchiometrisch umgesetzte n-Hexan, welches eine höhere spezifische Standardrefraktion als Luft besitzt. Dies bedeutet, dass der Konzentrationseinfluss noch relativ groß ist jedoch, mit der Annahme einer stöchiometrischen Verbrennung, die Flammentemperaturen recht gut wiedergegeben werden können, falls keine Messungen von Spezieskonzentrationen vorliegen. Wiederum lässt sich erkennen, dass die geringsten Temperaturunterschiede im Bereich der thermischen Grenzschicht 12 mm $< r <$ 21 mm liegen, wobei die Annahme einer stöchiometrischen Verbrennung die Temperaturprofile $\bar{T}_1(r)$ und $\bar{T}_3(r)$ leicht überschätzt.

Im Bereich der Plumezone bei $x = 150$ mm (s. Abb. 6.25) sind die Temperaturprofile praktisch allein von den Flammentemperaturen bestimmt und nur sehr wenig von den Spezieskonzentrationen. Auch innerhalb der sichtbaren Flamme $r < 27$ mm bis hin zur

6.10. EINFLUSS DER SPEZIESZUSAMMENSETZUNG AUF DIE FLAMMENTEMPERATUREN

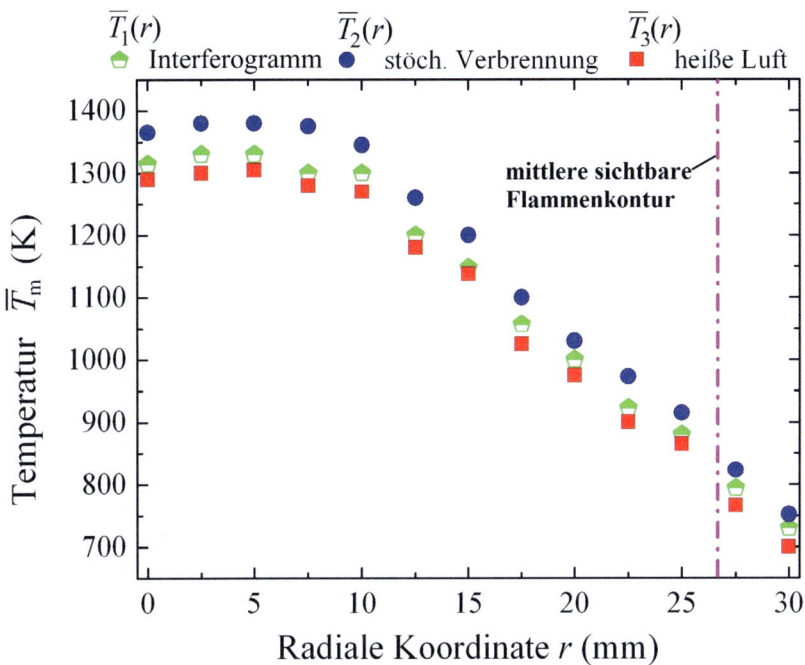

Abb. 6.25: Berechnete radiale Profile der Flammentemperatur bei $x = 150$ mm unter Berücksichtigung der gemessenen spezifischen Refraktion des Flammengasgemisches ($\bar{T}_1(r)$), unter Annahme einer stöchiometrischen Verbrennung ($\bar{T}_2(r)$) sowie einer konstanten spezifischen Refraktion von heißer Luft ($\bar{T}_3(r)$).

Flammenachse lassen sich nur geringe Unterschiede zwischen den drei Temperaturprofilen erkennen. Dies wird an der sehr guten Übereinstimmung der Temperaturprofile von $\bar{T}_1(r)$ und $\bar{T}_3(r)$ deutlich, während $\bar{T}_2(r)$ die Flammentemperaturen über die gesamte Abmessung der Flamme überschätzt. Eine ausgeprägte thermische Grenzschicht mit steilen Temperaturgradienten ist in der Plumezone nicht mehr zu erkennen. Die einzige Reaktion, die in der Plumezone stattfindet, ist die exotherme Reaktion von CO zu CO_2, welche im gesamten Bereich von $0 < r < 10$ mm stattfindet (s. Abb. 6.14) und nicht in einer schmalen thermischen Grenzschicht. Die ansteigende Gesamtmasse an eingesaugter Luft mit zunehmender Höhe über dem Tankrand führt zu einer verbesserten Durchmischung (Turbulenz) der Flammengase mit der Umgebungsluft und verringert dadurch die Spezieskonzentrationen der Verbrennungs- sowie Pyrolyseprodukte.

Diese Analyse zeigt, dass bei Tankflammen höherer Kohlenwasserstoffe, wie z. B. n-Hexan, die radialen Temperaturprofile $\bar{T}_m(r, x)$ sensitiv bezüglich der Spezieszusammensetzung in geringen Höhen über dem Tankrand (Verbrennungs- und Pulsationszone) sowie in achsnahen Bereichen sind. Die Konzentrationen insbesondere von höheren KW sowie Spezies mit spezifischen Standardrefraktionen, die sich stark von der Refraktion der Umgebungsluft unterscheiden, dürfen zu einer korrekten Ermittlung der Flammentemperatur nicht vernachlässigt werden. Dagegen ist der Bereich der thermischen Grenzschicht in allen Höhen über dem Tankrand nur wenig konzentrationsbeeinflusst, da hier vor allem Temperaturgradienten auftreten. In der Plumezone besteht die Hexanflamme nahezu aus heißer Luft, mit vernachlässigbarem Konzentrationseinfluss der Spezies.

Kapitel 7

Folgerungen und Ausblick

Aus den Ergebnissen der vorliegenden Arbeit ergeben sich die folgenden Konsequenzen:

- Mit der CFD Simulation lassen sich transiente und zeitlich-gemittelte Flammentemperaturen, Flammengasdichten und Spezieskonzentrationen in einer Hexanflamme vorhersagen.

- Mit den vorhergesagten Flammengasdichten und Spezieskonzentrationen lassen sich, unter Berücksichtigung der spezifischen Refraktion des Flammengasgemisches, Brechzahlfelder berechnen.

- Durch Integration von sehr dicht aufeinander folgenden x,y-Schnittebenen der Brechzahldifferenz von Flamme und Umgebung entlang der Lichtstrahlrichtung (z-Richtung), lassen sich Interferogramme vorhersagen. Dabei muss die Anzahl von Schnittebenen und die radiale Abmessung der Flamme (Integrationslänge) berücksichtigt werden.

- Aus den gemessenen Interferogrammen lassen sich mit einer speziell entwickelten Bildbearbeitungsmethode zeitlich-gemittelte Interferogramme berechnen. Die daraus erhaltenen radialen Profile der Interferenzstreifenordnung $\bar{S}(r,x)$ stimmen sehr gut mit den CFD vorhergesagten $\bar{S}(r,x)$-Profilen überein.

- Ebenfalls lassen sich aus den gemessenen Interferogrammen, unter Berücksichtigung von gemessenen Spezieskonzentrationen, Dichte- und Temperaturprofile berechnen. Es konnte gezeigt werden, dass die Flamme eine ausreichende Radialsymmetrie besitzt, so dass mit der Abel Transformation und Gladstone-Dale Gleichung gearbeitet werden kann.

- Zur Untersuchung des Konzentrationseinflusses auf die Flammentemperaturen ist es wichtig zwischen der Verbrennungs-, Pulsations- und Plumezone sowie der thermischen Grenzschicht zu unterscheiden.

  Im Bereich der Verbrennungszone bei $x = 20$ mm zeigt sich, dass der Einfluss der Spezieskonzentrationen (ca. 14 %) am größten im achsnahen Bereich $r < 10$ mm ist.

  Innerhalb der thermischen Grenzschicht 14 mm $< r <$ 22 mm besteht das Flammengasgemisch nahezu aus heißer Luft unabhängig von der Höhe über dem Tankrand.

  In der Pulsationszone bei $x = 50$ mm wird der Konzentrationseinfluss der Spezies geringer als bei $x = 20$ mm aufgrund der zunehmenden Vermischung von eingesaugter Umgebungsluft und Verbrennungsprodukten. Die Annahme einer stöchiometrischen Verbrennung im achsnahen Bereich führt zu einer guten Vorhersage der Flammentemperaturen, überschätzt jedoch die Flammentemperaturen im Bereich der thermischen Grenzschicht.

  Es konnte gezeigt werden, dass in der Plumezone z. B. bei $x = 150$ mm die Flamme als heiße Luft betrachtet werden kann, so dass der Konzentrationseinfluss der Spezies vernachlässigbar ist.

Zukünftige Untersuchungen an Flammen flüssiger Kohlenwasserstoffe sollten zeigen, ob mit detaillierteren Verbrennungsmodellen, wie z. B. Flamelet-Modellen, noch bessere Vorhersagen zu erzielen sind. Ebenfalls sollte untersucht werden, wie sich der Fehler in der örtlichen und zeitlichen Diskretisierung ändert, wenn mit zunehmender Anzahl an Gitterpunkten und kleineren Zeitschrittweiten gerechnet wird. Dies sollte aufgrund der zukünftig zunehmenden Rechnerleistung und größeren Rechenclustern möglich sein. Weiterhin sollte gezeigt werden, wie gut die Abhängigkeit von Brennstoff und Durchmesser vorhergesagt werden kann.

Um die Aussagekraft der Experimente noch weiter zu verbessern und Unsicherheiten bei der Ermittlung der Flammentemperaturen zu beheben, sollten bei zukünftigen experimentellen Arbeiten an KW-Flammen flüssiger Brennstoffe auch tomographische Methoden (z. B. 3D-Interferometrie) zur Bestimmung von transienten Brechzahlfeldern eingesetzt werden. Bei konstanter spezifischer Refraktion N_m des Flammengasgemisches ließen sich somit auch aus sehr unsymmetrischen Brechzahlfeldern $n_m(x, y, z, t)$ die 3D-Temperaturfelder $T_m(x, y, z, t)$ eindeutig berechnen. Es würde so erstmals möglich, zu einem beliebigen Zeitpunkt das transiente 3D-Temperaturfeld $T_m(x, y, z, t)$ von Flammen zu erfassen. Die tomographische Auswertung mit mehreren Lichtstrahlrichtungen ist jedoch ziemlich kompliziert und kann zusätzliche Fehler in der Berechnung des Temperaturfeldes verursachen.

Würden zusätzlich bei der 3D-Interferometrie transiente Spezieskonzentrationsmessungen berücksichtigt, ließen sich wirklich transiente 3D-Temperaturfelder in Flammen ermitteln. Transiente Spezieskonzentrationsmessungen größerer Kohlenwasserstoffe sind allerdings bis heute äußerst schwierig.

Literatur

ALBRECHT, H.-E., BORYS, M., DAMASCHKE, N., & TROPEA, C. 2003. *Laser Doppler and Phase Doppler measurement techniques.* Berlin: Springer.

ANSYS INC. 2009 (April). *ANSYS FLUENT Version 12.0 Theory Guide.*

AUDOUIN, L., KOLB, G., TORERO, J. L., & MOSTA, J. M. 1995. Average centreline temperatures of a buoyant pool fire obtained by image processing of video recordings. *Fire Safety J.*, **24**, 167–187.

BALLUFF, C. 1981. *VIS-Ballenstrukturen und Oszillationen in Großflammen.* Dissertation, Universität Stuttgart, Stuttgart.

BECKER, H., & GRIGULL, U. 1972. Ein holographisches Realzeit-Interferometer zur Messung von Phasenänderungen transparenter Objekte. *Optik*, **35**, 223–236.

BESSLER, W., & SCHULZ, C. 2004. Quantitative multi-line NO-LIF temperature imaging. *Appl. Phys. B*, **78**, 519–533.

BIELLER, V. 1988. *Dichtequellen und Dichtesenken als dissipative Strukturen in Diffusionsflammen organischer Flüssigkeiten.* Dissertation, Universität Stuttgart, Stuttgart.

BLINOV, V. I., & KHUDIAKOV, G. N. 1957. *Certain laws governing diffusive burning of liquids.* Moscow: Academija Nauk, SSSR Docklady. Pages 1094–1098.

BOCKASTEN, K. 1961. Transformation of observed radiances into radial distribution of the emission of a plasma. *J. Opt. Soc. Am.*, **51**, 943–947.

BOUHAFID, A., VANTELON, J. P., SOUIL, J. M., BOSSEBOUEF, G., & RONGERE, F. X. 1989. Characterisation of thermal radiation from freely burning oil pool fires. *Fire Safety J.*, **15**, 367–390.

BOUSSINESQ, J. 1877. *Essai sur la théorie des eaux courantes.* Tech. rept. Académie des Sciences de l'Institute de France, Paris.

BREUER, M. 2002. *Direkte Numerische Simulation und Large-Eddy Simulation turbulenter Strömungen auf Hochleistungsrechnern.* Maastricht, Herzogenrath: Shaker. Habilitationsschrift.

BRUUN, H. H. 1995. *Hot-wire anemometry: principles and signal analysis.* Oxford: Oxford University Press.

BURGESS, D. S., STRASSER, A., & GRUMER, J. 1961. Diffusive burning of liquid fuels in open trays. *Fire Res. Abs. and Rev.*, **3**, 177–192.

BYKOV, V., & MAAS, U. 2007. The extension of the ILDM concept to reaction-diffusion manifolds. *Combust. Theor. Model.*, **11**, 839–862.

CHUN, H. 2007. *Experimentelle Untersuchungen und CFD-Simulationen von DTBP-Poolfeuern.* Dissertation, Bundesanstalt für Materialforschung und -prüfung (BAM), Berlin.

CHUN, H., WEHRSTEDT, K.-D., VELA, I., & SCHÖNBUCHER, A. 2009. Thermal radiation of di-tert-butyl peroxide pool fires - Experimental investigation and CFD simulation. *J. Hazard. Mater.*, **167**, 105–113.

CORLETT, R.C. 1974a. *Heat transfer in fires.* New York: John Wiley and Sons. Chap. Velocity distributions in fires, pages 255–272.

CORLETT, R.C. 1974b. *Heat transfer in fires.* New York: John Wiley and Sons. Chap. Velocity distributions in fires, pages 239–254.

COX, G., & CHITTY, R. 1980. A study of the deterministic properties of unbounded fire plumes. *Combust. Flame*, **39**, 191–209.

CREMERS, J. J., & BIRKEBAD, C. 1966. Application of the Abel Integral Equation to Spectrographic Data. *Appl. Opt.*, **5**, 1057–1064.

DE RIS, J., & ORLOFF, L. 1972. Dimensionless correlation of pool of pool fire burning data. *Combust. Flame*, **18**, 381–388.

DOI, J., & SATO, S. 2007. Three-dimensional modeling of the instantaneous temperature distribution in a turbulent flame using multidirectional interferometer. *Opt. Eng.*, **46**, 15601–15607.

DORN, M. 1976. *Temperaturmessung an Tankflammen.* Dissertation, Universität Stuttgart, Stuttgart.

DURST, F. 2006. *Grundlagen der Strömungsmechanik.* Berlin: Springer.

DURST, F., MELLING, A., & WHITELAW, J. H. 1976. *Principles and practice of Laser-Doppler Anemometry.* London: Academic Press.

ECKBRETH, A. C. 1996. *Laser diagnostics for combustion temperature and species.* 2. edn. Combustion Science and Technology, vol. 3. Gordon and Breach Science.

ELDER, P., JERRICK, T., & BIRKELAND, J. W. 1965. Determination of the radial profile of absorption and emission coefficients and temperature in cylindrically symmetric sources with self-absorption. *Appl. Opt.*, **4**, 589–592.

ERB, R. 1992. Geometrische Optik mit dem Fermat-Prinzip. *Physik in der Schule*, **30**, 291–295.

FARROW, R. L., MATTERN, P. L., & RAHN, L. A. 1982. Comparison between CARS and corrected thermocouple temperature measurements in a diffusion flame. *Appl. Opt.*, **21**, 3119–3125.

FAY, J. A. 2006. Model of large pool fires. *J. Hazard. Mater.*, **136**, 219–232.

FERZIGER, J. H., & PERIC, M. (eds). 2002. *Computational methods for fluid dynamics*. 3. edn. Berlin: Springer.

FRISTROM, R. M., & WESTENBERG, A. A. 1965. *Flame structure*. New York: Mc Graw Hill.

GABOR, D. 1948. A new microscopic principle. *Nature*, **161**, 777–778.

GABOR, D. 1972. Holography, 1948-1971. *Science*, **177**, 299–313.

GARDINER, W. C., HIDAKA, Y., & TANZAWA, T. 1981. Refractivity of combustion gases. *Combust. Flame*, **40**, 213–219.

GAWLOWSKI, M. 2005. *Modellierung großskaliger offener Verbrennung flüssiger Brennstoffe mit der numerischen Strömungssimulation*. Diplomarbeit, Hochschule Mannheim, Mannheim.

GAWLOWSKI, M., HAILWOOD, M., VELA, I., & SCHÖNBUCHER, A. 2009a. Deterministic and probabilistic estimation of appropriate distances: motivation for considering the consequences for industrial sites. *Chem. Eng. Technol.*, **32**, 182–198.

GAWLOWSKI, M., KELLY, K. E., & SCHÖNBUCHER, A. 2009b. Determining the effect of species composition on temperature fields of tank flames using real-time holographic interferometry. *Appl. Opt.*, **48**, 4625–4636.

GAWLOWSKI, M., KELLY, K. E., VELA, I., & SCHÖNBUCHER, A. 2007. LES einer n-Hexan Tankflamme – Eine neue Validierungsmöglichkeit von Submodellen mit Interferogrammen. *Chem. Ing. Tech.*, **79**, 1444.

GAWLOWSKI, M., MICHEL, H., & SCHÖNBUCHER, A. 2006. Large-Eddy-Simulation eines turbulenten n-Heptan-Poolfeuers. *Chem. Ing. Tech.*, **78**, 1259–1260.

GAWLOWSKI, M., VELA, I., HAILWOOD, M., & SCHÖNBUCHER, A. 2009c. Bisherige Analyse des Buncefield-Ereignisses – Sind neue Konsequenzmodelle erforderlich? *Chem. Ing. Tech.*, **81**, 1182–1183.

GERLINGER, P. 2005. *Numerische Verbrennungssimulation*. Berlin: Springer.

GÜNTHER, R. 1977. Berechnung von Flammen und Feuerungen. *Chem. Ing. Tech.*, **49**, 135–141.

GÜNTHER, R. 1984. *Verbrennung und Feuerung*. Berlin: Springer.

GOECK, D. 1988. *Experimentell fundierte Ballenstrahlungsmodelle zur Bestimmung von Sicherheitsabständen bei großen Poolflammen flüssiger Kohlenwasserstoffe*. Dissertation, Universität Stuttgart, Stuttgart.

GONZALES, R. C., WOODS, R. E., & EDDINS, S. L. 2004. *Digital image processing using Matlab*. Upper Saddle River, NJ: Pearson Prentice Hall.

HAILWOOD, M., GAWLOWSKI, M., SCHALAU, B., & SCHÖNBUCHER, A. 2009. Conclusions drawn from the Buncefield and Naples incidents regarding the utilization of consequence models. *Chem. Eng. Technol.*, **32**, 207–231.

HAUF, W., & GRIGULL, U. 2006. *Advances in heat transfer 6*. Berlin: Springer. Chap. Optical methods in heat transfer.

HAUF, W., GRIGULL, U., & MAYINGER, F. 1991. *Optische Meßverfahren der Wärme- und Stoffübertragung*. Berlin: Springer.

HAUPTMANNS, U. 2005. A risk-based approach to land-use planning. *J. Hazard. Mater.*, **125**, 1–9.

HAWTHORNE, W. R., WEDDEL, D. S., & HOTTEL, H. C. 1949. Mixing and combustion in turbulent gas jets. *Proc. Combust. Inst.*, **3**, 266–288.

HEFLINGER, L. O., WUERKER, R. F., & BROOKS, R. E. 1966. Holographic Interferometry. *J. Appl. Phys.*, **37**, 642–649.

HENNIG, F., & MOSER, H. 1977. *Temperaturmessung*. Berlin: Springer.

HESKESTAD, G. 1983. Luminous heights of turbulent diffusion flames. *Fire Safety J.*, **5**, 103–108.

HESKESTAD, G. 1997. Flame heights of fuel arrays with combustion in depth. *Pages 427–438 of:* KASHIWAGI, T. (ed), *Proc. of the 5th Int. Symp. on Fire Safety Science*. Melbourne: Intl. Assoc. for Fire Safety Science.

HESKESTAD, G. 2002. *SFPE Handbook of Fire Protection Engineering*. 3. edn. Quincy, MA: National Fire Protection Association. Chap. 1, pages 2–1–2–31.

HOTTEL, H. C. 1959. Review of certain laws governing diffusive burning of liquids. *Fire Res. Abs. and Rev.*, **1**, 41–44.

HUGENSCHMIDT, M. 2006. *Lasermesstechnik, Diagnostik der Kurzzeitphysik.* Berlin: Springer. Chap. Holographie.

HUNTER, A. M., & SCHREIBER, P. W. 1975. Mach-Zehnder interferometer data reduction method for refractively inhomogeneous test objects. *Appl. Opt.*, **14**, 634–639.

IBARRETA, A. F., & SUNG, C.-J. 2005. Flame temperature and location measurements of sooting premixed Bunsen flames by rainbow schlieren deflectometry. *Appl. Opt.*, **44**, 3565–3575.

INGASON, H. 1994. Two dimensional rack storage fires. *Pages 1209–1220 of:* KASHIWAGI, T. (ed), *Proc. of the 4th Int. Symp. on Fire Safety Science.* Ottawa: Intl. Assoc. for Fire Safety Science.

INGASON, H. 1998. Modelling of a two-dimensional rack storage fire. *Fire Safety J.*, **30**, 47–69.

JONES, R. A., & KADAKIA, P. L. 1968. An automated interferogram analysis technique. *Appl. Opt.*, **7**, 1477–1482.

JONES, W. P., & WHITELAW, J. H. 1982. Calculation methods for reacting turbulent flows: A review. *Combust. Flame*, **48**, 1–26.

JOOS, F. 2006. *Technische Verbrennung.* Berlin: Springer.

KAHL, G. D., & MYLIN, D. C. 1962. Method for computing the radial distribution of emitters in a cylindrical source. *J. Opt. Soc. Am.*, **52**, 885–888.

KAHL, G. D., & MYLIN, D. C. 1965. Refractive deviation errors of interferograms. *J. Opt. Soc. Am.*, **55**, 364–372.

KASPER, H. 1988. *Interferometrische Dichtstrukturen und lokalisierte Reaktionszonen in Tankflammen organischer Flüssigkeiten.* Dissertation, Universität Stuttgart, Stuttgart.

KAUFMANN, M. 1990. *Dimensionslose Kenngrößen und Grenzschichtschwingungen bei auftriebsbestimmten Diffusionsflammen und nicht-reagierenden Strömungen.* Dissertation, Universität Stuttgart, Stuttgart.

KEARNEY, S. P., FREDERICKSON, K., & GRASSERA, T. W. 2009. Dual-pump coherent anti-Stokes Raman scattering thermometry in a sooting turbulent pool fire. *Proc. Combust. Inst.*, **32**, 871–878.

KOBAN, W., KOCH, J. D., HANSON, R. K., & SCHULZ, C. 2005. Toluene LIF at elevated temperatures: Implications for fuel/air ratio measurements. *Appl. Phys. B*, **80**, 147–150.

KOGELSCHATZ, U., & SCHNEIDER, W. R. 1972. Quantitative Schlieren techniques applied to high current arc investigations. *Appl. Opt.*, **11**, 1822–1832.

KOSEKI, H., & YUMOTO, T. 1988. Air entrainment and thermal radiation from heptane pool fires. *Fire Technol.*, **24**, 33–47.

KREIS, T. 2005. *Handbook of Holographic Interferometry*. Weinheim: Wiley-VCH.

KRONEMAYER, H., BESSLER, W., & SCHULZ, C. 2005. Gas-phase temperature measurements in evaporating sprays and spray flames based on NO multiline LIF. *Appl. Phys. B*, **81**, 1071–1074.

KUHR, C. 2008. *CFD-Simulation der dynamischen Eigenschaften großer Kerosin- und Heptan-Poolflammen*. Dissertation, Universität Duisburg-Essen, Essen.

KUHR, C., STAUS, S., & SCHÖNBUCHER, A. 2003. Modelling of the thermal radiation of pool fires. *Progr Comput Fluid Dynam Int J*, **3**, 151–156.

LADENBURG, R., WINCKLER, J., & VAN VOORHIS, C. C. 1948. Interferometric studies of faster than sound phenomena. Part I. The gas flow around various objects in a free, homogeneous, supersonic air stream. *Phys. Rev.*, **73**, 1359–1377.

LAUNDER, B. E., & SPALDING, D. B. (eds). 1972. *Lectures in mathematical models of turbulence*. London New York: Academic Press.

LIBBY, P. A., & WILLIAMS, F. A. 1980. *Turbulent reacting flows*. Berlin: Springer.

LIU, N., LIU, Q., LOZANO, J. S., ZHANG, L., ZHU, J., DENG, Z., & SATOH, K. 2008. Global burning rate of square fire arrays: Experimental correlation and interpretation. *Proc. Combust. Inst.*, **32**, 2519–2526.

LUCAS, R. 1981. *Holographische Synchroninterferometrie zur Untersuchung von Tankflammenfeldern und ihren kohärenten Strukturen*. Dissertation, Universität Stuttgart, Stuttgart.

MAAS, U., & POPE, S. B. 1992a. Implementation of simplified chemical kinetics based on intrinsic low-dimensional manifolds. *Proc. Combust. Inst.*, **24**, 103–112.

MAAS, U., & POPE, S. B. 1992b. Symplifying chemical kinetics: Intrinsic low-dimensional manifolds in composition space. *Combust. Flame*, **88**, 239–264.

MAGNUSSEN, B. F., & HJERTAGER, B. H. 1976. On mathematical models of turbulent combustion with special emphasis on soot formation and combustion. *Proc. Combust. Inst.*, **16**, 719–729.

MAYINGER, F. 2001. *Optical Measurements*. 2. edn. Berlin: Springer.

MAYINGER, F., & PANKNIN, W. 1978. Anwendung der holografischen Zweiwellenlängeninterferometrie zur Messung überlagerter Temperatur- und Konzentrationsgrenzschichten. *Verfahrenstechnik*, **12**, 582–589.

MCCAFFREY, B. J. 1979. *Purely bouyant diffusion flames: some experimental results*. Tech. rept. NBSIR 79-1910. Nat. Bur. Stand, Gaithersburg, MD.

MCCAFFREY, B. J. 1983. Momentum implication for buoyant diffusion flames. *Combust. Flame*, **52**, 149–167.

MUÑOZ, M., ARNALDOS, J., CASAL, J., & PLANAS, E. 2004. Analysis of the geometric and radiative characteristics of hydrocarbon pool fires. *Combust. Flame*, **139**, 263–277.

MUDAN, K. S. 1984. Thermal radiation hazards from hydrocarbon pool fires. *Prog. Energ. Combust.*, **10**, 59–80.

NGUYEN, Q. V., EDGAR, B. L., DIBBLE, R. W., & GULATI, A. 1995. Experimental and numerical comparison of extractive and in-situ laser measurements of non-equilibrium carbon monoxide in lean-premixed natural gas combustion. *Combust. Flame*, **100**, 395–406.

NÄSER, G., & PEPERHOFF, W. 1951. Optische Temperaturmessungen an leuchtenden Flammen. *Arch. Eisenhüttenwesen*, **22**, 9–14.

OBERLACK, M., & BUSSE, F. (eds). 2002. *Theories of turbulence*. Berlin: Springer.

OERTEL, H. (ed). 2008. *Prandtl – Führer durch die Strömungslehre*. 12. edn. Wiesbaden: Vieweg + Teubner.

O'HERN, T. J., WECKMANN, E. J., GERHART, A. L., TIESZEN, S. R., & SCHEFER, R. W. 2005. Experimental study of a turbulent buoyant helium plume. *J. Fluid Mech.*, **544**, 143–171.

ORAN, E. S., & BORIS, J. P. 2001. *Numerical simulation of reactive flow*. 2. edn. Cambridge: Cambridge University Press.

PASCHEDAG, A. R. (ed). 2004. *CFD in der Verfahrenstechnik*. Weinheim: Wiley-VCH.

PERSSON, H., & LÖNNERMARK, A. 2004. *Tank fire review of fire incidents 1951–2003, Brandforsk Project 513–021.* Tech. rept. Swedish National Testing and Research Institute, Boras, Sweden.

PETERS, N. 2000. *Turbulent Combustion.* Cambridge: Cambridge University Press.

PITSCH, H. G. 1998. *Modellierung der Zündung und Schadstoffbildung bei der dieselmotorischen Verbrennung mit Hilfe eines interaktiven Flamelet-Modells.* Dissertation, RWTH Aachen, Aachen.

POPE, S. B. 2000. *Turbulent Flows.* Cambridge: Cambridge University Press.

POSNER, J. D., & DUNN-RANKIN, D. 2003. Temperature field measurements of small, nonpremixed flames with use of an Abel inversion of holographic interferograms. *Appl. Opt.*, **42**, 952–959.

QI, J. A., LEUNG, C. W., WONG, W. O., & PROBERT, S. D. 2006. Temperature-field measurements of a premixed butane/air circular impinging-flame using reference-beam interferometry. *Appl. Energ.*, **83**, 1307–1316.

QIN, X., XIAO, X., PURI, I. K., & AGGARWAL, S. K. 2002. Effect of varying composition on temperature reconstructions obtained from refractive index measurements in flames. *Combust. Flame*, **128**, 121–132.

RASTOGI, P. K. (ed). 1994. *Holographic Interferometry.* Berlin: Springer.

REW, P. J., & HULBERT, W. G. 1996. *Development of Pool-Fire Thermal Radiation Model.* Sudbury, Suffolk: HSE Books. Page 99.

RIEDEL, G. 1983. *Langzeit- und Kurzzeitstrukturen in Tankflammen.* Dissertation, Universität Stuttgart, Stuttgart.

RÖSSLER, F. 1959. Die Verteilungstemperatur von Rußflammen. *Annalen d. Phyisk*, **459**, 396–422.

RUSSMANN, H. 1967. *Vergleich verschiedener Verfahren zur experimentellen Bestimmung der Temperaturfelder in laminaren Vormischflammen.* Dissertation, RWTH Aachen, Aachen.

SATO, A., HASHIBA, K., HASATANI, M., SUGIYAMA, S., & KIMURA, J. 1975. A correctional calculation method for thermocouple measurements of temperatures in flames. *Combust. Flame*, **24**, 35–41.

SCHIESS, N. 1986. *Periodische Strukturen in auftriebsbehafteten Diffusionsflammen organischer Flüssigkeiten.* Dissertation, Universität Stuttgart, Stuttgart.

SCHIESSL, R., MAAS, U., HOFFMANN, A., WOLFRUM, J., & SCHULZ, C. 2004. Method for absolute OH-concentration measurements in premixed flames by LIF and numerical simulations. *Appl. Phys. B*, **79**, 759–766.

SCHLICHTING, H., & GERSTEN, K. 2006. *Grenzschicht – Theorie*. 10. edn. Berlin: Springer.

SCHÖNBUCHER, A. 1981. Wärme-, Stoff- und Impulstransportvorgänge unter Berücksichtigung kohärenter Strukturen in Tankflammen organischer Flüssigkeiten. *Brennstoff-Wärme-Kraft*, **33**, 371–373.

SCHÖNBUCHER, A. 2008. *Quellterme bei offenen Bränden von Flüssigkeiten und Gasen.* Interner Bericht. Universität Duisburg-Essen, Institut für Technische Chemie I.

SCHÖNBUCHER, A., ARNOLD, B., BANHARDT, V., BIELLER, V., KASPER, H., KAUFMANN, M., LUCAS, R., & SCHIESS, N. 1986. Simultaneous observation of organized density structures and the visible field in pool fires. *Proc. Combust. Inst.*, **21**, 83–92.

SCHÖNBUCHER, A., & BRÖTZ, W. 1978. Wärme- und Stofftransport in Tankflammen. *Chem. Ing. Tech.*, **50**, 573–585.

SCHÖNBUCHER, A., BRÖTZ, W., BALLUFF, C., GÖCK, D., & SCHIESS, N. 1985. Erforschung von Schadenfeuern flüssiger Kohlenwasserstoffe als Beitrag zur Sicherheit von Chemieanlagen. *Chem. Ing. Tech.*, **57**, 823–834.

SCHÖNBUCHER, A., BRÖTZ, W., BALLUFF, C., RIEDEL, G., KETTLER, A., & SCHIESS, N. 1985. Visualization of Organized Structures in Buoyant Diffusion Flames. *Ber. Bunsenges. Phys. Chem.*, **89**, 595–603.

SCHÖNBUCHER, A., BRÖTZ, W., & WALCHER, A. 1978. Gaschromatographische Analyse der Flammengase einer n-Hexan-Tankflamme. *Erdöl-Kohle-Erdgas-Petrochem.*, **31**, 347–353.

SCHULZ, C., & SICK, V. 2005. Tracer-LIF diagnostics: Quantitative measurement of fuel concentration, temperature and air/fuel ratio in practical combustion situations. *Prog. Energy Combust Sci.*, **31**, 75–121.

SEEGER, P. G., & WERTHENBACH, H. G. 1970. Diffusionsflammen mit extrem niedriger Strömungsgeschwindigkeit. *Chem. Ing. Tech.*, **42**, 282–286.

SEITZMANN, J. M., KYCHAKOFF, G., & HANSON, R. K. 1985. Instantaneous temperature field measurements using planar laser-induced fluoresence. *Opt. Lett.*, **10**, 439–441.

SHAKHER, C., & NIRALA, A. K. 1999. A review on refractive index and temperature profile measurements using laser-based interferometric techniques. *Opt. Laser Eng.*, **31**, 455–491.

SICK, V., ARNOLD, A., DIESSEL, E., DREIER, T., KETTERLE, W., LANGE, B., WOLFRUM, J., THIELE, K. U., BEHRENDT, F., & WARNATZ, J. 1991. Two-dimensional laser diagnostics and modeling of counterflow diffusion flames. *Proc. Combust. Inst.*, **23**, 495–501.

SMITH, D. A., & COX, G. 1992. Major chemical species in turbulent diffusion flames. *Combust. Flame*, **91**, 226–238.

SMOOKE, M. D., XU, Y., ZURN, R. M., LIN, P., FRANK, J. H., & LONG, M. B. 1992. Computational and experimental study of OH and CH radicals in axisymmetric laminar diffusion flames. *Proc. Combust. Inst.*, **24**, 813–821.

SOUTH, R., & HAYWARD, B. M. 1976. Temperature measurement in conical flames by laser interferometry. *Combust. Sci. Tecnol.*, **12**, 183–195.

SPALDING, D. B. 1970. Mixing and chemical reaction in steady confined turbulent flames. *Proc. Combust. Inst.*, **13**, 649–657.

SPALDING, D. B. 1976. Mathematical models of turbulent flames: A review. *Combust. Sci. Technol.*, **13**, 3–25.

SPURK, J. H., & AKSEL, N. 2007. *Strömungslehre – Einführung in die Theorie der Strömungen.* 7. edn. Berlin: Springer.

STEPHAN, K., & MAYINGER, F. 2009. *Thermodynamik. Grundlagen und technische Anwendungen 2.* 15. edn. Berlin: Springer.

THORNE, A. P. 1988. *Spectrophysics.* 2. edn. London / New York: Chapman and Hall.

TIESZEN, S. R., O'HERN, T. J., WECKMAN, E. J., & SCHEFER, R. W. 2004. Experimental study of the effect of fuel mass flux on a 1-m-diameter methane fire and comparison with a hydrogen fire. *Combust. Flame*, **139**, 126–141.

VELA, I. 2009. *CFD prediction of thermal radiation of large, sooty, hydrocarbon pool fires.* Dissertation, Universität Duisburg-Essen, Essen.

VELA, I., CHUN, H., MISHRA, K. B., GAWLOWSKI, M., SUDHOFF, P., RUDOLPH, M., K.-D. WEHRSTEDT, & SCHÖNBUCHER, A. 2009. Vorhersage der thermischen Strahlung großer Kohlenwasserstoff und Peroxid-Poolfeuer mit CFD Simulation. *Forsch. Ingenieurwes.*, **73**, 87–97.

VEST, C. M. 1975. Interferometry of strongly refracting axisymmetric phase objects. *Appl. Opt.*, **14**, 1601–1606.

VEST, C. M. 1979. *Holographic Interferometry.* New York: John Wiley and Sons.

WALCHER, A. 1982. *Nicht-isothermer Stofftransport und Reaktionsräume in Tankflammen*. Dissertation, Universität Stuttgart, Stuttgart.

WARNATZ, J., MAAS, U., & DIBBLE, R. W. 2001. *Verbrennung*. 3. edn. Berlin: Springer.

WECKMAN, E. J., & STRONG, A. B. 1996. Experimental investigation of the turbulence structure of medium-scale methanol pool fires. *Combust. Flame*, **105**, 245–266.

WENDT, J. F. (ed). 2009. *Computational Fluid Dynamics*. 3. edn. Berlin: Springer.

WILCOX, D. C. (ed). 1993. *Turbulence modeling for CFD*. 2. edn. La Canada, CA: DCW Industries, Inc.

WILLIAMS, F. A. 1982. Urban and wildland fire phenomenology. *Prog. Energ. Combust. Sci.*, **8**, 317–354.

WOLFRUM, J. 1986. Einsatz von Excimer- und Farbstofflasern zur Analyse von Verbrennungsprozessen. *VDI Berichte*, **617**, 301–318.

XIN, Y., GORE, J. P., MCGRATTAN, K. B., REHM, R. G., & BAUM, H. R. 2005. Fire dynamics simulation of a turbulent buoyant flame using a mixture-fraction-based combustion model. *Combust. Flame*, **141**, 329–335.

YANG, W. J., TANIGUCHI, H., & KUDO, K. 1995. *Radiative heat transfer by the Monte Carlo method*. London: Academic Press.

YUAN, L.-M., & COX, G. 1996. An experimental study of some line fires. *Fire Safety J.*, **27**, 123–139.

ZHANG, D. Y., & ZHOU, H. C. 2007. Temperature measurement by holographic interferometry for non-premixed ethylene-air flame with a series of state relationships. *Fuel*, **86**, 1552–1559.

ZIMONT, V. 2000. Gas premixed combustion at high turbulence. Turbulent flame closure model combustion model. *Exp. Ther. Flui. Sci.*, **21**, 179–186.

ZIMONT, V., POLIFKE, W., BETTELINI, M., & WEISENSTEIN, W. 1998. An efficient computational model for premixed turbulent combustion at high Reynolds numbers based on a turbulent flame speed closure. *J. Eng. Gas Turbines Power*, **120**, 526–532.

ZUKOSKI, E. E. 1994. Mass flux in fire plumes. *Pages 137–147 of:* KASHIWAGI, T. (ed), *Proc. of the 4th Int. Symp. on Fire Safety Science*. Ottawa: Intl. Assoc. for Fire Safety Science.

Bilddokumentation des holographischen real-time Interferometers

Abb. 1: Schwingungsgedämpfter Experimentiertisch und optischer Aufbau mit luftgefederten Säulenständern.

Abb. 2: Teilansicht des optischen Linsensystem ($\varnothing = 250$ mm) vor und hinter der Flamme während des Experiments.

Abb. 3: Granitplatte mit den optischen Komponenten.

Auswahl an Interferogrammen von Flammen unterschiedlicher Brennstoffe und Durchmesser sowie Interferogramme von Helium- und Heißluftausströmungen

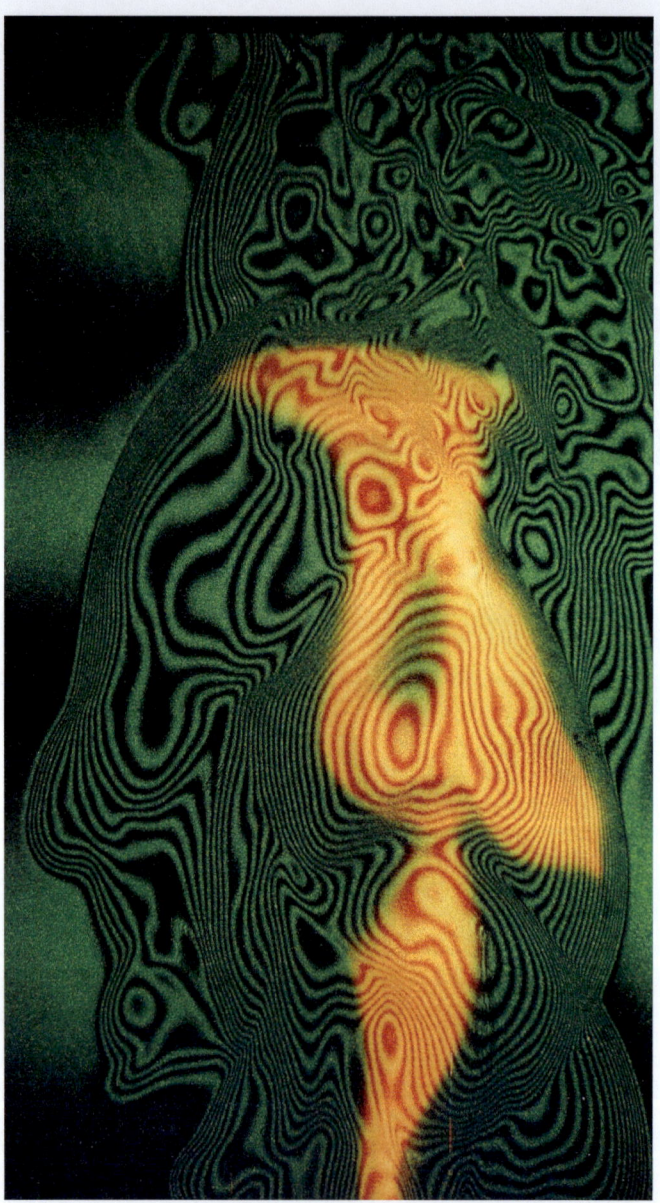

Abb. 4: Interferogramm einer n-Pentanflamme ($d = 100$ mm) simultan überlagert mit der sichtbaren Flamme im Bereich von 250 mm $< x <$ 500 mm.

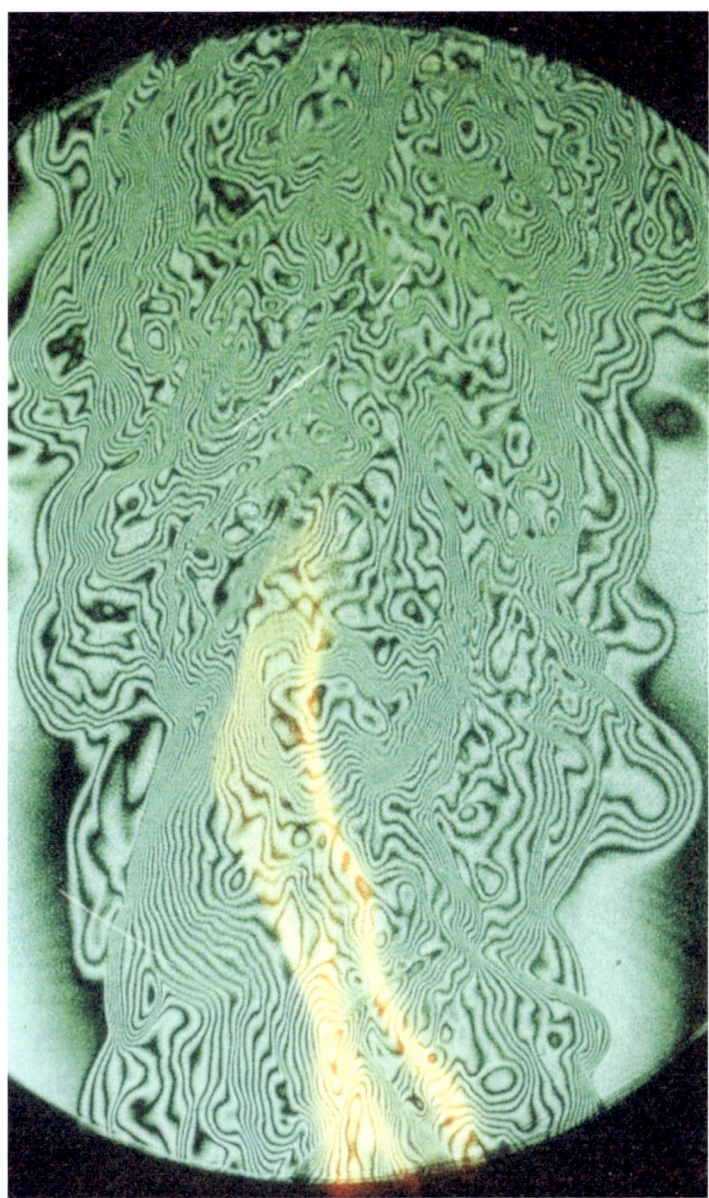

Abb. 5: Interferogramm einer n-Pentanflamme ($d = 100$ mm) simultan überlagert mit der sichtbaren Flamme im Bereich von 250 mm $< x <$ 500 mm.

Abb. 6: Interferogramm einer Methanflamme ($d = 100$ mm) mit einer Ausströmgeschwindigkeit von $u_{\mathrm{CH_4}} = 0.029$ m/s ($\dot{V}_{\mathrm{CH_4}} = 2.25 \cdot 10^{-4}$ m^3/s) simultan überlagert mit der sichtbaren Flamme im von Bereich $0 < x < 250$ mm.

Abb. 7: Interferogramm einer Methanflamme ($d = 100$ mm) mit einer Ausströmgeschwindigkeit von $u_{CH_4} = 0.029$ m/s ($\dot{V}_{CH_4} = 2.25 \cdot 10^{-4}$ m^3/s) simultan überlagert mit der sichtbaren Flamme im von Bereich 250 mm $< x <$ 500 mm.

Abb. 8: Interferogramm einer Methanflamme ($d = 50$ mm) mit einer Ausströmgeschwindigkeit von $u_{CH_4} = 0.05$ m/s ($\dot{V}_{CH_4} = 10^{-4}$ m^3/s) simultan überlagert mit der sichtbaren Flamme im von Bereich $0 < x < 250$ mm.

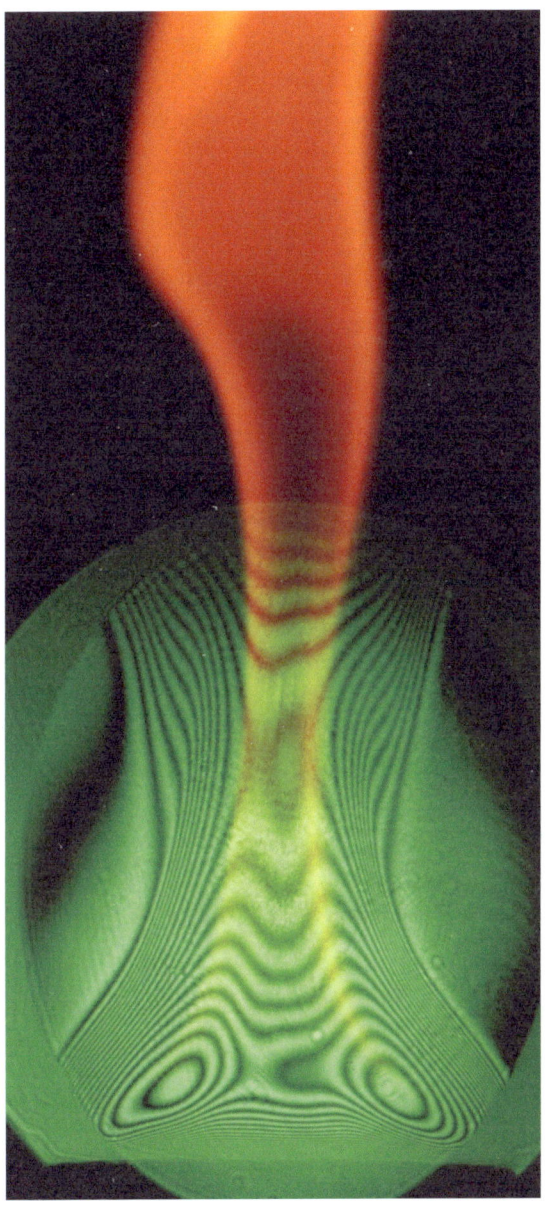

Abb. 9: Interferogramm einer 1-Butanolflamme ($d = 50$ mm) simultan überlagert mit der sichtbaren Flamme im Bereich von $0 < x < 80$ mm.

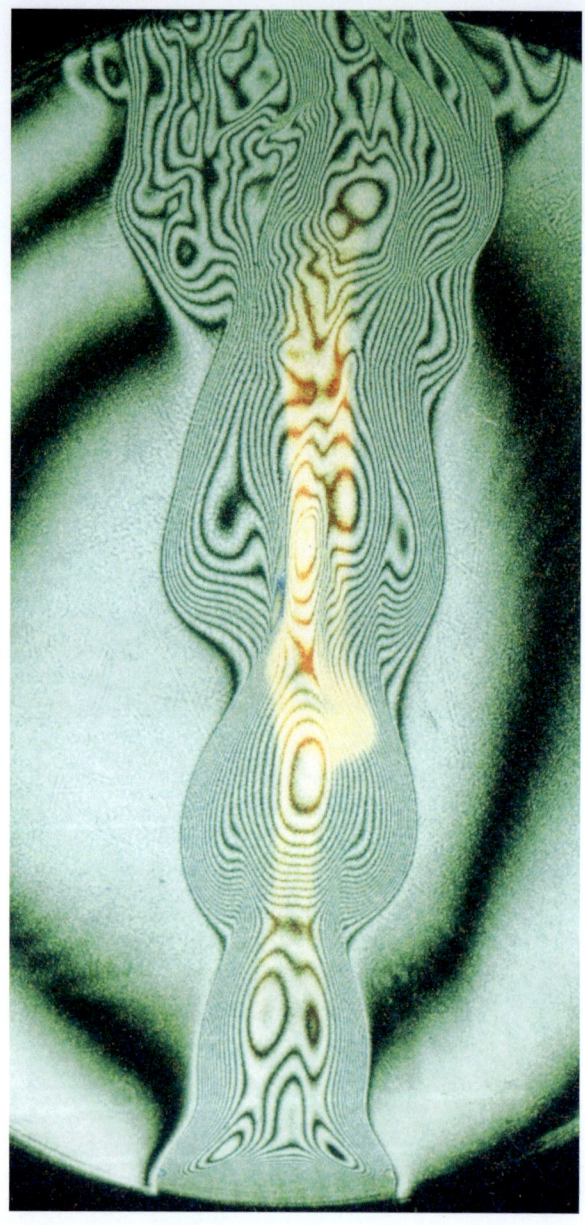

Abb. 10: Interferogramm einer n-Hexanflamme ($d = 50$ mm) simultan überlagert mit der sichtbaren Flamme im Bereich von $0 < x < 250$ mm.

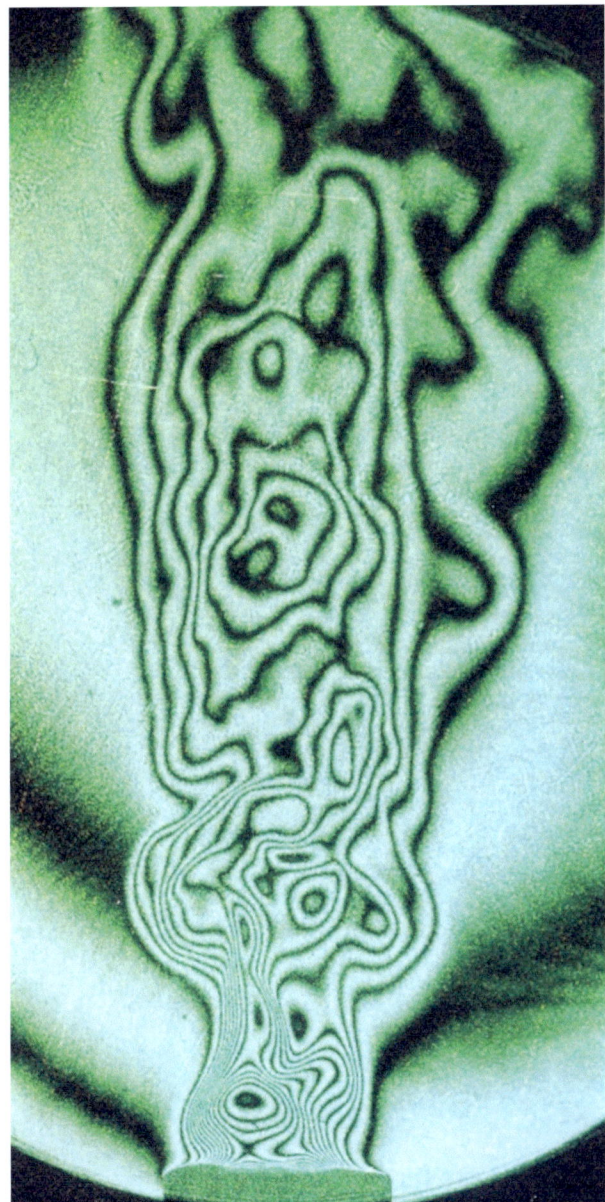

Abb. 11: Interferogramm einer Heliumausströmung ($d = 50$ mm) mit einer Ausströmgeschwindigkeit von $u_{He} = 0.13$ m/s ($\dot{V}_{He} = 2.5 \cdot 10^{-4}$ m^3/s) im Bereich von $0 < x < 250$ mm.

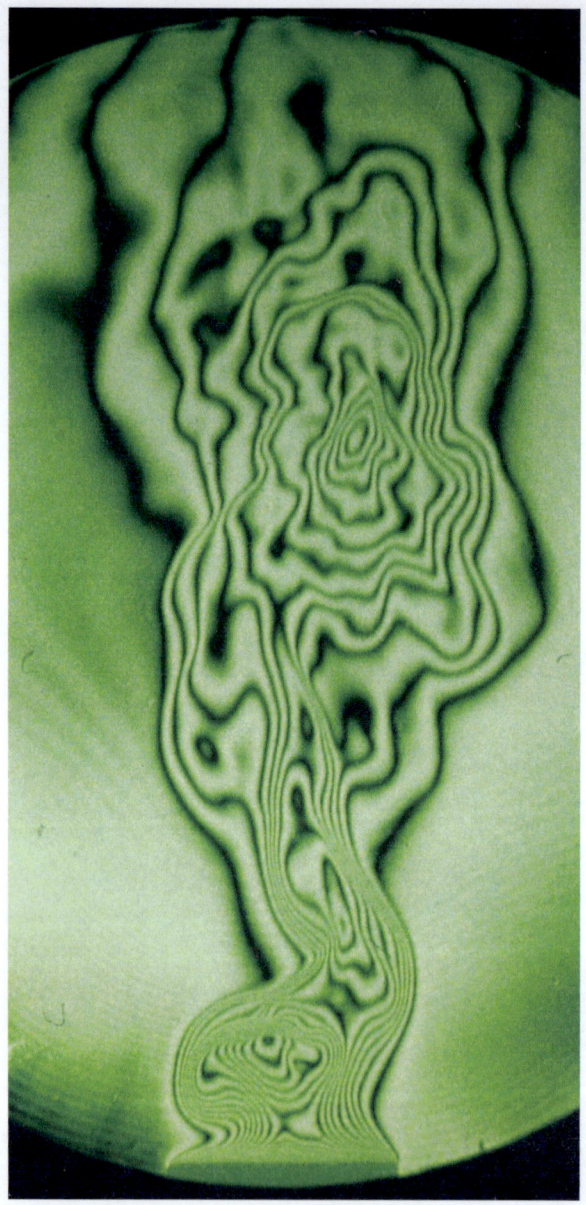

Abb. 12: Interferogramm einer Heliumausströmung ($d = 50$ mm) mit einer Ausströmgeschwindigkeit von $u_{He} = 0.11$ m/s ($\dot{V}_{He} = 2.25 \cdot 10^{-4}$ m^3/s) im Bereich von $0 < x < 250$ mm.

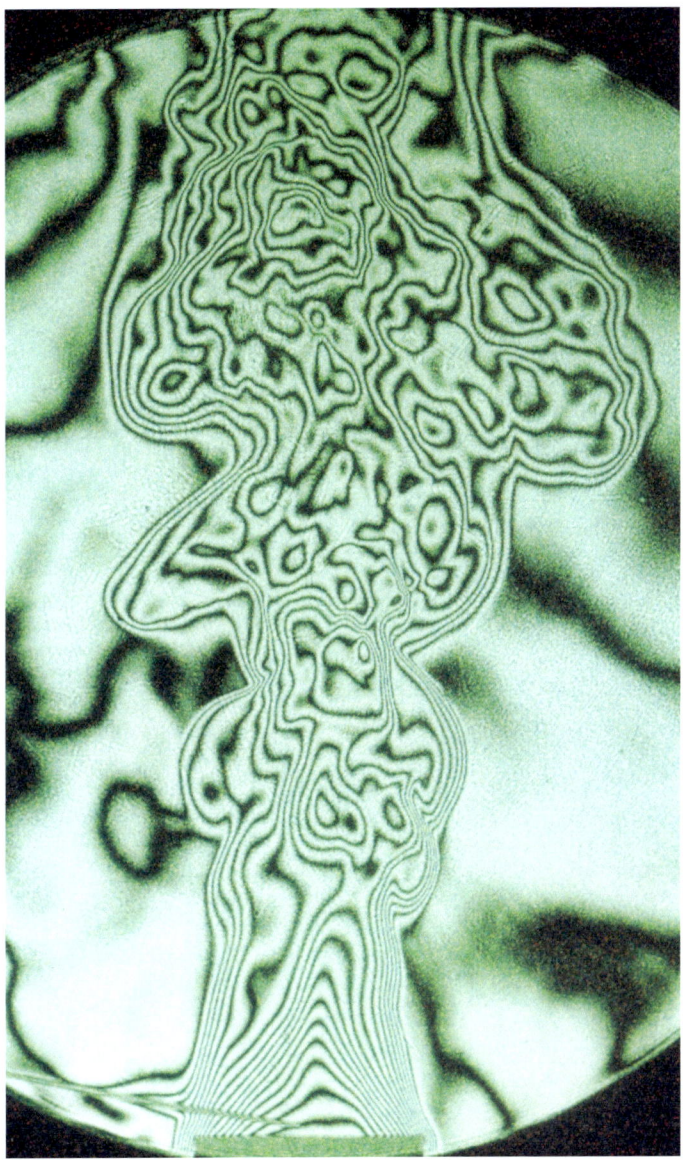

Abb. 13: Interferogramm einer Heißluftausströmung ($T = 773$ K, $d = 50$ mm) mit einer Ausströmgeschwindigekeit von $u_{\text{Luft}} = 0.15$ m/s ($\dot{V} = 3 \cdot 10^{-4}$ m^3/s) im Bereich von $0 < x < 250$ mm.

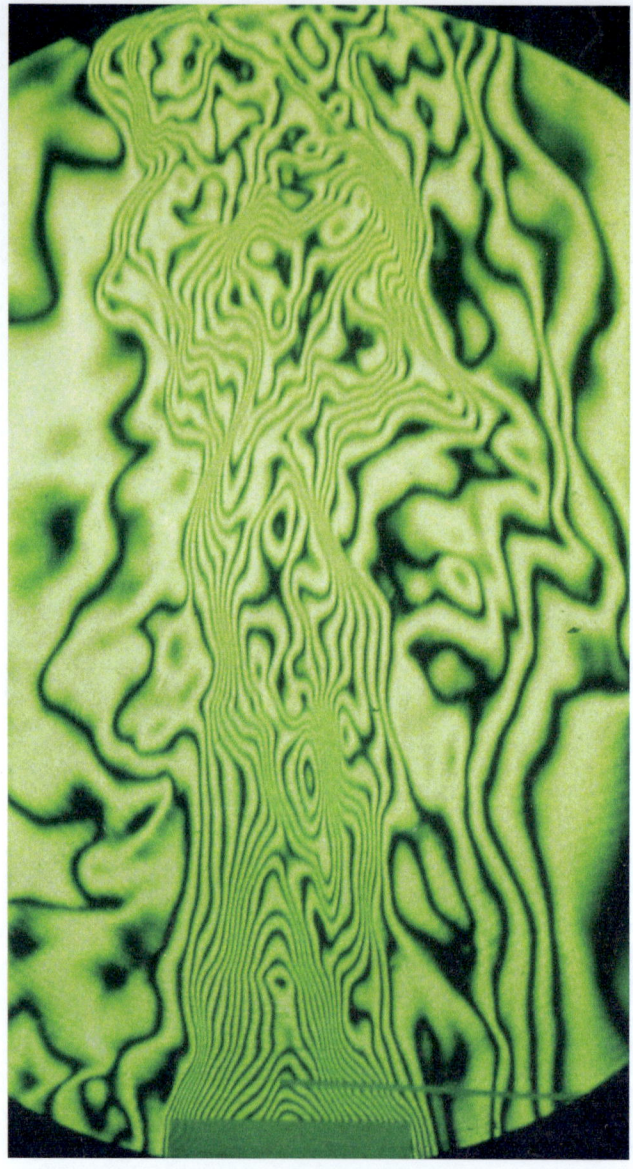

Abb. 14: Interferogramm einer Heißluftausströmung ($T = 953$ K, $d = 50$ mm) mit einer Ausströmgeschwindigekeit von $u_\text{Luft} = 0.09$ m/s ($\dot{V} = 1.8 \cdot 10^{-4}$ m^3/s) im Bereich von $0 < x < 250$ mm.

Publikationsliste

Referierte Publikationen

Gawlowski, M., Kelly, K.E., Marcotte, L.A., Schönbucher, A. 2009. Determining the effect of species composition on temperature fields of tank flames using real-time holographic interferometry. *Appl. Opt.*, **48**, 4625–4636.

Gawlowski, M., Hailwood, M., Vela, I., Schönbucher, A. 2009. Deterministic and Probabilistic Estimation of Appropriate Distances: Motivation for Considering the Consequences for Industrial Sites. *Chem. Eng. Technol.*, **32**, 182–198.

Hailwood, M., Gawlowski, M., Schalau, B., Schönbucher, A. 2009. Conclusions Drawn from the Buncefield and Naples Incidents Regarding the Utilization of Consequence Models. *Chem. Eng. Technol.*, **32**, 207–231.

Vela, I., Chun, H.,Mishra, K.B., Gawlowski, M., Sudhoff, P., Rudolph, M., Wehrstedt, K.-D., Schönbucher, A. 2009. Vorhersage der thermischen Strahlung großer Kohlenwasserstoff und Peroxid-Poolfeuer durch CFD Simulation. *Forsch. Ingenieurwes.*, **73**, 1317–1323.

Gawlowski, M., Kelly, K.E., Vela, I., Schönbucher, A. 2007. LES einer n-Hexan Tankflamme-Eine neue Validierungsmöglichkeit von Submodellen mit Interferogrammen. *Chem. Ing. Tech.*, **79**, 1444.

Vela, I., Gawlowski, M., Kuhr, C., Schönbucher, A. 2007. CFD-Simulation und Modellierung des Einflusses der Absorptionskoeffizienten an SEP und Bestrahlungsstärke in großen rußenden Poolfeuern. *Chem. Ing. Tech.*, **79**, 1442.

Gawlowski, M., Göck, D., Vela, I., Schönbucher, A. 2007. Modelle der thermischen Strahlung großer Feuer - Konsequenzen für Industriestandorte. *Chem. Ing. Tech.*, **79**, 1433–1434.

Gawlowski, M., Michel, H., Schönbucher, A. 2006. Large Eddy Simulation einer turbulenten n-Heptan Pool-Flamme ($d = 6$ m) *Chem. Ing. Tech.*, **78**, 1259.

Sonstige Publikationen

Gawlowski, M., Göck, D., Kuhr, C., Vela, I., Schönbucher, A. 2006. Das Modell OSRAMO II zur Vorhersage der thermischen Strahlung großer Pool- und Tankfeuer. 8. *Fachtagung Anlagen- und Umweltsicherheit, VDI-GVC*, Köthen, D02, ISBN 3-936415-48-X.

Gawlowski, M., Hailwood, M., Vela, I., Schönbucher, A. 2008. Bisherige Analyse des Buncefield-Ereignisses. Sind neue Konsequenzmodelle erforderlich? 9. *Fachtagung Anlagen- und Umweltsicherheit, Process-Net*, Köthen, C01.

Poster

Gawlowski, M., Kelly, K.E., Vela, I., Schönbucher, A. 2008. Temperature measurements by real-time holographic interferometry in an n-hexane tank fire. 32nd *Int. Symp. on Combust.*, McGill University, Montreal, CAN.

Vela, I., Gawlowski, M., Sudhoff, P., Schönbucher, A. 2008. CFD Simulation der thermischen Strahlung großer JP-4 Feuer, 9. *Fachtagung Anlagen- und Umweltsicherheit, Process-Net*, Köthen.

Vela, I., Gawlowski, M., Sudhoff, P., Schönbucher, A. 2007. CFD study about the influence of absorption coefficients on thermal radiation in large JP-4 pool fires. 1. *ProcessNet Jahrestagung*, Eurogress, Aachen.

Gawlowski, M., Kuhr, C., Vela, I., Schönbucher, A. 2006. CFD study of temperature and thermal radiation of large hydrocarbon pool fires. 8. *Fachtagung Anlagen- und Umweltsicherheit, VDI-GVC*, Hochschule Köthen, Köthen.

Vela, I., Gawlowski, M., Kuhr, C., Schönbucher, A. 2006. The probabilistic thermal radiation model OSRAMO II for large hydrocarbon pool fires. 31st *Int. Symp. on Combust.*, Heidelberg.

Vorträge

Gawlowski, M. 2009. CFD berechnete Interferogramme einer n-Hexan Tankflamme - Einfluss der chemischen Zusammensetzung der Flammengase. *Neujahrskolloquium der Fakultät für Chemie und des Ortsverbandes Essen-Duisburg der GDCh*, Universität Duisburg-Essen, Essen.

Gawlowski, M. 2007. Simulation of small-scale helium plume and hexane tank flame for validation with interferometric data sets. *Workshop on Fire Model Validation*, University of Utah, Salt Lake City, UT, USA.

Gawlowski, M. 2007. CFD Simulation von Poolfeuern - ohne und mit Windeinfluss. *Fachkolloquium der Arbeitsgruppe Sicherheitstechnik VDI-AK Verfahrenstechnik MD und Hochschule Anhalt*, Köthen.

Gawlowski, M. 2007. CFD Simulationen von Schadenfeuer - Bedeutung für Industriestandorte. *Weihnachtskolloquium des Jungchemikerforums und des Ortsverbandes Essen-Duisburg der GDCh*, Universität Duisburg-Essen, Essen.

Gawlowski, M. 2006. LES and experimental investigations of helium plumes and methane pool fires. *Workshop on Fire Model Validation*, SANDIA National Laboratories, Albuquerque, NM, USA.

Lebenslauf

Persönliche Daten

Name	Markus Gawlowski
Geburtsdatum	11. Januar 1980
Geburtsort	Heidelberg
Staatsangehörigkeit	deutsch
Familienstand	ledig

Beruflicher Werdegang

ab 11/2009   K+S Aktiengesellschaft, Kassel
                   Technisches Projektmanagement

Hochschulbildung

04/2006 - 10/2009   Wissenschaftlicher Mitarbeiter
                            Institut für Technische Chemie I
                            Universität Duisburg-Essen

10/2005 - 03/2006   Aufbaustudium Fakultät für Chemie
                            Universität Duisburg-Essen

10/2000 - 07/2005   Studium der Verfahrenstechnik
                            Schwerpunkt Prozess- und Anlagentechnik
                            Hochschule Mannheim
                            Abschluss: Dipl.-Ing.

Schulbildung

09/1990 - 06/1999   Martin-Luther-Schule, Rimbach
                     Abschluss: Abitur

09/1986 - 07/1990   Schloßhofschule Mörlenbach

Auslandsaufenthalt

08/2003 - 03/2004   Huntsman Corp., McIntosh, AL, USA
                     Praktisches Studiensemester

Industriepraktikum

02/2002 - 09/2002   K. & H. Eppensteiner GmbH & Co. KG, Ketsch
                     Praktisches Studiensemester

Grundwehrdienst

10/1999 - 06/2000   Luftwaffen Fernmelderegiment 12, Karlsruhe

Essen, 30. Oktober 2009

Der disserta Verlag bietet die kostenlose Publikation
Ihrer Dissertation als hochwertige
Hardcover- oder Paperback-Ausgabe.

Fachautoren bietet der disserta Verlag
die kostenlose Veröffentlichung professioneller Fachbücher.

Der disserta Verlag ist Partner für die Veröffentlichung
von Schriftenreihen aus Hochschule und Wissenschaft.

Weitere Informationen auf www.disserta-verlag.de